精通

开关电源测试

阮景义　编著

机械工业出版社
CHINA MACHINE PRESS

本书详细介绍了开关电源的各种实战测试技术，全书共分为 9 章及附录，内容包括开关电源测试基础、技术指标测试、输入适应性测试、输出适应性测试、环境适应性测试、复合应力适应性测试、安全性测试、电磁兼容测试和雷击冲击电流测试，附录包括开关电源相关认证、开关电源器件降额和开关电源相关标准。本书条理清晰、重点突出、叙述简洁，提供了各测试项目的定义、来源、所需设备、测试连接图、测试方法和测试注意事项，给出了与开关电源测试相关的大量实用知识解析及参考资料，方便读者快速查阅。

本书适用于从事开关电源产品开发、测试和应用领域的工程技术人员，也适用于电气类初级工程师和对开关电源感兴趣的非专业人士。

图书在版编目（CIP）数据

精通开关电源测试/阮景义编著. —北京：机械工业出版社，2021. 2
（2024. 11 重印）

ISBN 978-7-111-67209-8

Ⅰ. ①精… Ⅱ. ①阮… Ⅲ. ①开关电源-测试 Ⅳ. ①TN86

中国版本图书馆 CIP 数据核字（2020）第 266240 号

机械工业出版社（北京市百万庄大街 22 号　邮政编码 100037）

策划编辑：吕　潇　责任编辑：吕　潇
责任校对：张　征　封面设计：马精明
责任印制：常天培
北京机工印刷厂有限公司印刷
2024 年 11 月第 1 版第 6 次印刷
184mm×260mm・15. 25 印张・373 千字
标准书号：ISBN 978-7-111-67209-8
定价：79. 00 元

电话服务　　　　　　　　　网络服务
客服电话：010-88361066　　机 工 官 网：www. cmpbook. com
　　　　　010-88379833　　机 工 官 博：weibo. com/cmp1952
　　　　　010-68326294　　金 书 网：www. golden-book. com
封底无防伪标均为盗版　　机工教育服务网：www. cmpedu. com

作者的话

一直苦于找不到一本全面而深入地指导开关电源测试的书籍，我开始萌生一种想法：把自己积累多年的开关电源测试技能和经验整理成册，分享给开关电源同行们。当开始着手准备时，我才真切体会到开关电源产品涉及行业众多，技术指标要求各不相同，一时没有头绪，拿起后放下，放下后又拿起，几经周折，这次终于编写完成。

本书不讲解测试方案和测试策略，不讨论产品开发中的测试流程，而是阐述开关电源的各种测试实战技能，梳理开关电源的可靠性摸底和可靠性增长测试技术，使读者不但知其然，还能知其所以然。本书不仅展示了开关电源大量的显性指标测试技术，而且还展示了很多开关电源隐性指标测试技术，这得益于诸多优秀开关电源从业者在产品研发过程中的默默付出，客户层面或许不能直观看到，很多测试技术在业界也没有形成统一的测试规范，但产品长期稳定可靠的运行已经给出了最好的答案。

本书能给开关电源工程师提供一个全面、深入、系统的开关电源测试知识体系，是开关电源测试的"百科全书"，工程师可以从中选择其对应行业的开关电源测试项目，开展针对性测试，完成产品的验证和确认，尽早、尽快、尽可能多地暴露开关电源的显性故障和隐性故障，促进开关电源产品质量和核心竞争力的提升，达成产品高质量交付的目标。

有些人在测试中慢慢沉沦，思维逐渐被同化而随波逐流；有些人厌倦了周而复始的机械式重复劳动，逃离了测试；有些人觉得测试不如开发，待遇不尽如人意。也许现实有这样那样的问题，三百六十行，行行出状元，测试这个行业同样可以出彩，对推动产品的高质量交付同样功不可没。打铁还需自身硬，测试需要工匠精神，需要在测试维度上不断进行纵向和横向拓展，在坚持和积累中螺旋式上升提高自我，为产品赋能，也为自己赋能。坚守测试的价值、原则和基本素养，才能为产品持续高质量交付贡献更多价值。

本书读者定位为从事开关电源技术开发、测试和应用领域的工程技术人员，以及开关电源技术爱好者和开关电源使用者。读者如能从本书中得到启示，并能在自己的工作实践中加以应用，编者将倍感欣慰。鉴于本人水平有限，本书从立意、选题到内容编写，定有不足之处，欢迎读者批评斧正。

春夏秋冬复交错
日月星辰为航舵
孤独求证尽雕琢
测试百科献拙作

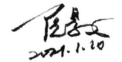

2021.1.20

目　录

第1章　开关电源测试基础

1.1　测试概论及其发展

1. 测试的定义

根据 GB/T 11457—2006 标准中的定义，测试是"一种活动，在此活动中，系统或部件在一定的条件下执行，观察或记录其结果，对系统或部件的某些方面进行评价。"

Bill Hetzel 在《软件测试完全指南》(*Complete Guide of Software Testing*) 一书中指出：测试是以评价一个程序或者系统属性为目标的任何一种活动，测试是对软件质量的度量。这个定义至今仍被测试界广泛引用。

2. 测试的释义

测试是"验证"和"确认"。"验证"是确保产品满足其预定的需求、方案、规范和要求等；"确认"是证实产品或产品部件满足其在预期环境中的预期使用。"验证"保证工作产品正确地做事，而"确认"保证产品或产品部件做了正确的事。

测试是具有试验研究性质的测量，需要给出产品的测量数据及结果判定，测试的目的是发现产品中存在的问题。测试的范围十分广泛，包括定性分析、定量测定和试验测试等，测试可以是单项测试，也可以是综合测试。

测试和调试是两个不同的概念。测试的目的是发现问题，而调试的目的是消除错误；测试可以由开发人员做，也可以由测试人员做，而调试只能由开发人员做；测试是系统地进行设计、执行和评估的工程过程，而调试是根据测试发现故障、查找问题根源和解决问题的过程；测试是通过设计测试规范来查找错误，检验产品的正确性，而调试主要是利用开发工具实现定位问题和修正错误。

3. 测试的原则

测试人员在进行测试时，要严格执行测试规范，排除测试的随意性，对测试过程和测试结果应进行评价，确保测试的有效性。

关键技术指标需进行白盒测试，并确保一定的覆盖率，测试既要充分，但又不能过分测试，测试不充分和过分测试都是不负责任的。

既要进行正向测试，也要进行反向测试，正向测试指产品做了应做的事，反向测试指产品做了不该做的事，在很多时候反向测试常常被忽视。

假设在开发阶段能够发现 80% 的故障，在系统测试阶段能够找出其余故障的 80%，最后 4% 的故障将会在用户大范围、长时间的使用后才能暴露出来，所以测试只能保证尽可能多地发现故障，并不能保证发现所有的故障。

一般测试出来的故障越多，遗漏的故障就越少。但当产品研发能力（开发能力和测试能力）达到一定高度后，要注意测试中的集群现象，测试后产品残存的错误数量与该产品已发现的错误数量成正比，对产品的错误集群需进行重点测试。

4. 测试的价值

研发团队最基本的价值是交付产品，进一步是交付有质量的产品，再进一步是持续交付有质量的产品。测试作为研发团队的一部分，不仅需要全流程地探索测试实践活动，开展有效且高效的测试，坚守质量底线，还应该想尽一切办法了解客户实际使用环境，无限逼近最真实的产品应用场景。通过测试，尽快、尽早地对产品质量测评结果进行反馈，和开发团队之间既要开展协作，又要进行建设性对抗，通过测试驱动不断提升产品质量，共同担当起持续高质量产品交付的价值使命。

5. 测试人员的素养

首先，测试人员要有独立的思考能力，不能人云亦云。

其次，测试人员要理解产品，包括但不限于规格书、企业规范、行业标准、国家标准、国际标准，以及器件材料特性、生产工艺要求、工程应用场景等，不断横向拓展，无限逼近客户视角，搭建产品专有的测试知识体系。

再次，测试人员要掌握全面的测试技能，保证测试执行过程规范和测试结果准确。提升测试的执行效率，不能只会做加法，更要敢于做减法。

测试人员还需要有敏感、细致和缜密的观察能力，时刻保持一颗好奇心，不断学习，更新已有的测试知识体系，在尊重并严格执行现有测试规则和测试流程的基础上，不循规蹈矩，不拘泥于外在形式。

拥有独立思考能力且具备敏锐的观察力，具有规范、准确和高效的执行能力，是一个优秀测试人员必备的基本素养。

6. 测试的分类

（1）按测试粒度分类

测试按测试粒度分类可以分为单元测试、集成测试、系统测试和验收测试。

单元测试是能够实现需求规格的最小测试单元，被测对象并不是一个独立的产品，可使用辅助设备协助测试开展。

集成测试是在单元测试基础上，将单元集合成小系统，关注单元之间的连接及相互影响，达到集成后的预期要求。

系统测试目的在于通过与系统需求定义作比对，测试在整个系统上才呈现出的特性，发现不符合项，关注需求的满足程度。

验收测试是对交付产品安装后的验收，满足规格书现场需求的测试。

（2）按测试方法分类

测试按测试方法可以分为白盒测试和黑盒测试。

白盒测试是将被测对象看成一个透明的盒子，它允许测试人员利用产品的内部逻辑结构和有关信息，去设计或选择测试用例，对产品所有或关键逻辑路径进行覆盖测试，通过检查产品状态，确定是否与预期一致。

黑盒测试是将被测对象看成一个黑盒子，测试人员不考虑产品内部的逻辑结构和内部特性，只依据产品的外特性说明书，检查产品是否符合规格要求。

（3）按运行状态分类

测试按运行状态可以分为静态测试和动态测试。

静态测试又称稳态测试，是指当开关电源处于恒定输入、输出和稳定环境等条件下时，对其进行相关功能、性能或可靠性等方面指标的测试。

动态测试是指开关电源处于单应力或复合应力动态变化的条件下，对其进行相关功能、性能或可靠性等方面指标的测试。

（4）按研发模型分类

测试按研发模型分类可以分为传统测试和敏捷测试。

传统测试是基于开发周期 V 模型的分层串行测试，需求分析阶段对应需求测试阶段，概要设计阶段对应概要设计测试阶段，详细设计阶段对应详细设计测试阶段，单元设计阶段对应单元测试阶段，单元模块集成阶段对应集成测试阶段，系统构建阶段对应系统测试阶段，系统安装阶段对应验收测试阶段。

敏捷测试是边开发边测试，测试工作与开发工作并行开展，支持迭代、自发性以及变更调整，快速响应需求变化，加快开发进度，缩短开发周期。敏捷测试模式对产品开发软硬件平台成熟度和产品测试自动化程度要求较高，尤其适用于开发与测试工作解耦或产品功能模块解耦的项目。

（5）按测试内容分类

测试按测试内容分类可以分为功能测试、性能测试、环境测试、热应力测试、工艺测试、安全性测试、电磁兼容测试、可靠性增长测试和其他测试。

其中，环境测试包含温度、湿度、低气压、盐雾、振动和防水防尘等测试；电磁兼容测试包含传导、辐射、静电、骚扰、抗扰和雷击等测试；安全性测试包含结构、材料、温升、绝缘、接触电流和单点故障等测试；可靠性增长测试包括温度冲击、快速温变、高加速寿命试验、四角测试、电解电容老化试验、应力加严测试、极限故障测试、健壮性测试等；其他测试包含老化测试、长寿命试验、外场暴露测试、高温淋雨试验、双 85 试验、硫化试验和火箭引雷试验等。

7. 测试的发展历程

（1）手工测试时代

在手工测试时代，测试就是调试，测试人员边测边想测试内容，没有详细的测试计划和测试项目清单，也没有测试过程记录和测试报告，这些测试不能准确地进行重复，测试过程和测试结果无法回溯。

（2）测试模型时代

引入集成产品开发（Integrated Product Development，IPD）流程和软件能力成熟度模型集成（Capability Maturity Model Integration，CMMI）理念，产生 IPD - CMMI 流程，测试与质量保证（Quality Assurance，QA）分离，行业产品测试方法、测量方法和试验规范逐渐建立，形成各种测试能力成熟度模型（Testing Capability Maturity Model，TCMM）、测试支持模型（Testability Support Model，TSM）、测试成熟度模型（Testing Maturity Model，TMM）等。

（3）测试管理时代

在集成产品开发的基础上产生产品测试管理（Product Test Management，PTM）并逐渐趋于完善，测试工具在质量上不断提高，在数量上不断增多，关注测试过程管理，注重工具对测试执行效率的提升，自动化测试开始规模开展，行业测试方法、测量方法和试验规范进一步丰富，国外先进的测试技术不断被引进和推广，测试向规范化、标准化方向发展。

（4）全面测试时代

测试逐渐向微观和宏观两极方向发展，微观方向体现在白盒深度，宏观方向体现在黑盒广度。复杂的测试工具和装备进一步丰富，频率响应分析仪、高性能可编程交直流源、复合应力试验装备和外场试验场地等为复杂试验开展提供了便利条件，环路稳定性白盒测试和软件代码白盒测试越来越受到重视，高加速应力测试、应力极限测试、输入输出及环境适应性测试等复合应力试验得到广泛应用，典型应用场景及高加速应用场景测试逐渐开展，测试可视化、自动化测试程度更高，敏捷测试得到广泛推广，探索式测试和云测试开始在项目运作中得到应用。

在 5G 通信技术和机器人技术的带动下，远程开关电源测试系统出现了，该系统可以实现远程无人非接触操作，或在助理工程师简单介入下就能开展测试工作，测试过程数据和测试报告自动生成与发送，开启了在家办公、异地协同、全天候、昼夜不停息的开关电源测试新时代。

1.2　开关电源产品分类

1. 按变换器类型分类

开关电源按变换器类型可分为 AC/AC 类开关电源、AC/DC 类开关电源和 DC/DC 类开关电源。AC/AC 类开关电源包括变频器、调压器、不间断电源（Uninterruptable Power Supply，UPS）和应急电源（Emergency Power Supply，EPS）等。AC/DC 类开关电源包含 AC 转 DC 开关电源、DC 转 AC 开关电源和 AC/DC 双向开关电源，目前 AC 转 DC 通信电源模块峰值效率可达 98%，正在向 99% 极限目标挑战，DC 转 AC 光伏逆变器峰值效率已突破99%，正在向 99.5% 极限目标挑战。DC/DC 类开关电源将一种形式的直流电变换成另一种形式的直流电，当今软开关技术使得 DC/DC 变换器开关电源发生了质的飞跃。

2. 按应用领域分类

开关电源按应用领域可以分为通信电源、照明电源、消费电源、服务器电源、安防电源、激光电源、环保电源、应急电源、仪表电源、家电电源、工业控制电源、军工电源、航空航天电源、电力电源、车载电源、新能源电源、充电桩电源、交通轨道电源、舰船电源和医疗电源等，并逐渐出现兼容多应用场景的多模开关电源，如兼容交流、高压直流和太阳能输入的开关电源，兼容交直流输入的双向开关电源，兼顾多种高低压输出的开关电源等。

3. 按冷却方式分类

开关电源按冷却方式可分为自散热型开关电源、基板散热型开关电源、液冷散热型开关电源、强制风冷散热型开关电源和多种散热方式结合的开关电源。自散热型开关电源和基板散热型开关电源又称热传导式散热型开关电源，液冷散热型开关电源又分为水冷散热型开关电源和油冷散热型开关电源等，风冷散热型开关电源又分为抽风散热型开关电源和吹风散热型开关电源。

1.3 开关电源拓扑结构

1. 非隔离基本电路

非隔离基本电路有 Buck 电路、Boost 电路、Buck – Boost 电路和 Cuk（丘克）电路等。

2. 隔离基本电路

隔离基本电路包括 Flyback（反激型）电路、Forward（正激型）电路、Half – Bridge（半桥型）电路、Full – Bridge（全桥型）电路和 Push – Pull（推挽）电路等。

3. 其他常用电路

其他常用电路有 Buck 三电平电路、Boost 三电平电路、升降压 Buck – Boost 三电平电路、Cuk 三电平电路、正激型三电平电路、半桥型三电平电路和全桥型三电平电路等拓扑。

1.4 开关电源技术参数

1. 输入技术参数

开关电源输入技术参数包括：输入电压制式、输入电压范围、输入频率范围、最大输入电流、启动冲击电流、输入功率因数、输入电压畸变率和输入启动电压等。

2. 输出技术参数

开关电源输出技术参数包括：输出电压范围、输出电压整定值、输出功率、容性负载能力、输出电流、负载效应、负载动态响应、纹波电压和电话衡重杂音电压等。

3. 整机技术参数

开关电源整机技术参数包括：整机效率、加权效率、稳压精度、温度系数、功率密度、软启动时间、启动时序、延时启动时间和音响噪声等。

4. 保护技术参数

开关电源保护技术参数包括：输入过电压保护、输入欠电压保护、输入过频保护、输入欠频保护、输出过功率保护、输出过电压保护、输出过电流保护和过温保护等。

5. 并网技术参数

开关电源并网技术参数包括：额定并网电压、并网电压范围、额定并网电流、最大并网电流、额定并网频率、并网频率范围、并网功率因数、并网总谐波电流、并网防孤岛保护、断网保护、并网低电压穿越和并网高电压穿越等。

6. 环境技术参数

开关电源环境技术参数包括：高温工作、低温启动、低温工作、温度循环、高低温冲击、恒定湿热、振动试验、盐雾试验和低气压试验等。

7. 安规技术参数

开关电源安规技术参数包括：绝缘强度、绝缘电阻、接触电流、保护导体电流、接地连续性、漏电流、电容放电、温度限值和材料阻燃性等。

8. 电磁兼容技术参数

开关电源电磁兼容技术参数包括：传导骚扰、辐射骚扰、谐波电流、静电放电抗扰试验、电压波动与闪烁、辐射电磁场抗扰性、电快速脉冲串抗扰性、工频磁场抗扰性、雷击浪涌抗扰性和电压暂降短时中断抗扰性等。

9. 其他技术参数

开关电源的其他技术参数包括：电应力、热应力、电容寿命、环路裕量、死区时间、输入适应性、输出适应性、复合应力适应性和外场适应性等。

1.5 开关电源测试设备

1. 一般测试设备

一般测试设备包括交直流电源、交直流负载、纯阻性负载、RLC 负载、功率分析仪、电压表、电流表、毫安表、分流器、电池、示波器及其配件（电压探头和电流探头）、大容量电容装置、RCD 负载、数据采集仪、隔离变压器和短路装置等。

2. 环境测试设备

环境测试设备包括恒定湿热试验箱、冷热冲击试验箱、低气压试验箱、盐雾试验箱、太阳辐射试验箱、振动试验台、碰撞试验机、二氧化硫试验箱、沙尘试验箱、湿尘试验箱、防水试验装置和结冰试验箱等。

3. 安规测试设备

安规测试设备包括耐压仪、绝缘电阻测试仪、接地阻抗测试仪、安规测试综合测试仪、接触电流测试网络和球压试验器等。

4. 电磁兼容测试设备

电磁兼容测试设备包括辐射电波暗室、干扰接收机、人工电源网络、静电放电发生器、电快速瞬变脉冲群发生器、浪涌发生器、雷击冲击电流发生器、退耦装置、电压波动闪烁测试仪、谐波电流测试仪、天线和屏蔽房等。

5. 其他测试设备

其他测试设备包括可编程交直流电源、可编程交直流负载、可微调电子负载、热成像仪、频率响应分析仪、高低频杂音计、选频电平表、声级计、半消音实验室、太阳电池阵列模拟器、HALT 试验箱、HASS/HASA 试验箱、电网模拟器、气密试验设备、色彩分析仪、高温房、外场设备、高温淋雨试验箱、复合盐雾试验箱、蒸汽老化箱、游标卡尺/钢卷尺、电子台秤/磅秤、黑箱、空洞和锡炉等。

1.6 测试常用知识解析

本节对开关电源测试中的常用、重要和疑难知识进行解析，方便读者了解相关知识点背景信息，扩展知识点的广度和深度，在工程实践中更能游刃有余地应用。

1.6.1 直流分流器及其使用

分流器一般是测量直流电流用的器件，根据直流电流通过电阻时在电阻两端产生电压的原理制成。直流分流器实际上是一个低值精确电阻。测量一个很大的直流电流，例如几十安，甚至上千安，这时就要采用分流器，当电流流过分流器时，在它的两端就会出现一个毫伏级的电压，用毫伏电压表来测量这个电压，再将这个电压换算成电流。

用于直流电流测量的分流器有插槽式和非插槽式，插槽式分流器额定电流有 5A、10A、15A、20A 和 25A，非插槽式分流器的额定电流从 30A 到 15kA 标准间隔均有，不同量程的分流器如图 1-1 所示。

分流器由锰镍铜合金电阻棒和铜带组成，并镀有镍，线性度好，温漂小，其额定压降是 60mV、75mV、100mV、120mV、150mV 及 300mV，常用的是 75mV。直流分流器有多种型号，如 FL-2 型、FL-19 型、FL-21 型、FL-27 型、FL-39 型、俄式型、韩式型和美式型等，其中 FL-2 型系列分流器精度为 0.5~1.0 级，FL-19 型系列电焊机分流器精度为 0.5 级，FL-21 型系列分流器精度为 0.5

图 1-1　不同量程规格的直流分流器

级，FL-27 型系列精密级分流器精度为 0.2 级和 0.1 级，FL-39 型系列分流器精度为 0.5~1.0 级，其中 0.1 级表示 0.1% 精度，0.2 级表示 0.2% 精度。

分流器选用首先要量程合适，以 50%~90% 满量程为宜。其次分流器测量精度要满足要求，至少比产品规格精度要求大一个数量级，即 1% 电流精度要求的开关电源可选择 0.1 级的分流器进行电流测量，分流器在使用中必须配合相当精度的毫伏表才能保证最终测试结果的准确。以 100A 75mV 分流器为例，实际测量电流的大小为毫伏表读数×100/75（A）。分流器在使用中要保持散热通风环境良好，分流器必须定期计量并且计量结果合格后方可正常使用。直流分流器连接如图 1-2 所示，需特别注意检测点的连接位置。

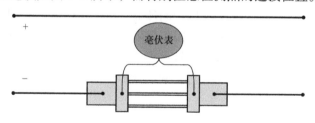

图 1-2　直流分流器使用连接图

1.6.2　示波器探头及其使用

探头按照是否需要供电可分为有源探头（内置放大器，需要外部供电）和无源探头（内部都是无源器件，不用单独供电），按照测量信号类型可分为电压探头和电流探头。

10:1 无源探头：10:1 高阻无源探头是最常使用的探头，它具有输入阻抗高、动态范围宽的优点，缺点是输入电容大且需要补偿。因示波器内也存在寄生电容，同一个示波器的不同通道或者不同示波器的寄生电容都不一样，所以同一个探头接到另外一个通道或者另外一个示波器需要再次补偿。在 10:1 探头中经过分压之后示波器收到的信号只有原信号的1/10，所以示波器需要经过放大之后再显示，这种情况会把示波器本底噪声也放大。1×探头则不同，在这个档位信号不经衰减直接进入示波器，所以示波器本底噪声也不会放大，故 1×档位适用于测小信号或者峰峰值纹波。

有源探头：有源探头有输入电容低、带宽高、输入电阻高和无须补偿等优点，缺点是成本较高、需要供电和动态范围低。有源探头可以分为单端有源探头、差分探头（又有高带宽和高压之分）和电流探头等类型。单端有源探头是测试点对地的参考电平，差分探头可以直接测两个测试点的相对电位差，不需要和"地"有联系，在进行浮地测量或者要求共模抑制能力的测试时就需要使用差分探头。

单端有源探头：单端有源探头内有阻抗比较高的高带宽放大器，需要外部供电，它适用于需要高输入阻抗、高带宽的场景，一般能够提供 1MΩ 输入阻抗和 1GHz 以上带宽。有源探头的放大器接近待测电路，因此环路较小，可以减小寄生参数，带宽可以做得更高，并且可以驱动较长的线缆。但是由于动态范围不高，很容易被高压破坏，所以使用时应注意待测电路的电压范围，防止被破坏。

差分有源探头：差分有源探头的前端放大器是差分放大器，共模抑制比的能力强，有高带宽和高电压的差分有源探头之分。高带宽差分有源探头主要用于测试高速信号，这种探头带宽比一般的单端有源探头更高，一般高速数字信号测试都会使用差分探头。此外，对一些带宽需求不高，但是对动态范围反而有一定要求的场景，如 CAN 总线测量等，就需要使用高压差分探头。

电流探头：测试电流有专门的电流探头，电流探头实质上是把电流参数按照一定的转化关系转化为电压，然后示波器再根据该电压值得到对应电流大小。电流探头主要是根据霍尔效应和电磁感应原理将电流信号转化为电压信号。利用霍尔效应原理的电流探头的好处是可以检测直流和交流，但是缺点是小电流测量能力有限，可以通过把待测线缆在感应环里多绕几圈来放大电流产生的磁场。为降低导线环路引入的感抗，可将导线双绞，最大限度减小环路面积。利用电磁感应原理的电流探头灵敏度高，带宽也比较高。

探头作为一个连接待测点到示波器的中间环节，它与示波器一起共同组成信号波形测试系统。一个理想的探头模型应该具有输入阻抗无限大、无限带宽、零输入电容、动态范围无限大、零延时等特点，但是现实中没有这种理想的探头。探头的常规技术参数有带宽、阻抗匹配、衰减比、上升时间等，这些参数对正确选择和使用探头，进而对测试结果的正确性及准确性至关重要。

1. 带宽

带宽是指正弦波信号衰减到 −3dB（就是在高频处增益下降到 0.707）时的频率，选择示波器和探头带宽时至少要选择被测量方波信号的 5 次谐波频率以上的带宽。

2. 阻抗匹配

探头输入阻抗相当于在被测电路上并联了一个阻抗，对被测信号有分压和增加负载的作用，选择不当会影响被测信号的幅度和直流偏置。探头的输入阻抗要与所用示波器的输入阻抗匹配，以减小对被测电路的负载作用。另外还需要注意输入阻抗会随着频率的增加而下降。例如用探头 ×10 档测量信号，随信号频率增加，容性负载影响越明显，造成探头与示波器的阻抗不匹配，影响测量结果。为了消除这种影响，需要通过探头端的可调电容进行补偿调节，消除低频或高频增益。

3. 探头衰减系数

示波器探头上标注有衰减系数，典型的衰减系数是 1×、10× 和 100×。衰减系数指的是探头信号幅值的衰减比例，例如 1× 探头就没有对信号进行衰减，而 10× 的探头就会将信号幅值降到原本的 1/10。需要注意的是在使用探头的时候，需要根据探头的衰减系数在示波器上设置好对应的比例，才能得到真实的数值。

4. 上升时间

上升时间是指测量信号上升沿（10%～90%）时的最短时间，上升时间越短，灵敏度越高，对于被测信号的还原度就越高。在测量脉冲信号上升时间或下降时间时，为了保证合理的精度，探头和示波器的总上升时间应该是被测脉冲宽度的 1/3～1/5。对上升时间是被测脉冲宽度 1/3 的示波器/探头组合，可以测量 5% 误差范围内的脉冲上升时间。

以上就是对探头基础知识的介绍以及探头在不同场合的具体应用情况。在使用探头测试待测点时，探头并不是完全能把信号完整地传输到示波器内，需要考虑探头对待测信号以及示波器的影响，根据实际的被测信号特征选择合适的探头以及适当的测试环境，才能得到正确的测量结果，否则有可能得到与实际情况差异较大的结果，从而被错误的测量结果误导，影响判断。

1.6.3　直流电压纹波测量法

下面介绍直流电压纹波的几种测量方法。同一个被测开关电源若采用不同的测量方法，其测量的结果是不相同的，只有采用相同的标准来测量，测量结果才具有可比性。在以下介绍的各种测试方法中，地线环测量法和地线环 + 电容测量法最常用。在通信电源行业中，一般采用甩线测量法，可对示波器探头地线进行缠绕处理，以最大限度减小地线环路面积，降低地线环路对测量结果引入的干扰误差。

1. 甩线测量法

在实际测量中，因为开关电源设备如结构设计等种种客观因素限制，一般采用的是甩线法，示波器探头、地线夹直接接在开关电源的输出正负极测试，直流输出电压纹波甩线法测量连接如图 1-3 所示，示波器设置 20MHz 带宽，取样检测模式，这种方法不能说不正确，但会对测试结果带来很大的不同，一般可达上百甚至几百毫伏的纹波偏差。

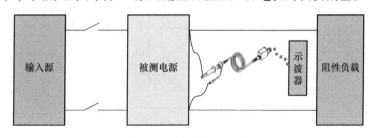

图 1-3　甩线法测量连接图

2. 双绞线测量法

直流输出电压纹波双绞线测量连接如图 1-4 所示，采用 300mm 长 #16AWG 线规组成的双绞线分别与被测开关电源输出的 + OUT 及 - OUT 连接，在 + OUT 与 - OUT 之间接上阻性负载，在双绞线末端接一个 4μF 钽电解电容，示波器带宽设置为 50MHz（或 20MHz），在测量点连接时，双绞线接地线的末端要尽量短，夹在探头的地线环上。

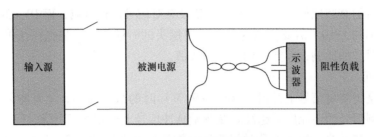

图 1-4   双绞线测量连接图

3. 平行线测量法

直流输出电压纹波平行线测量连接如图 1-5 所示，其中 C_1 是多层陶瓷电容（MLCC），容量为 $1\mu F$，C_2 是钽电解电容，容量为 $10\mu F$，两条平行铜箔带的电压降之和小于输出电压值的 2%。该测量方法的优点是与实际工作环境比较接近，缺点是较容易捡拾 EMI（电磁干扰）。

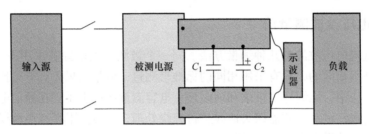

图 1-5   平行线测量连接图

4. 同轴电缆测量法

直流输出电压纹波同轴电缆测量连接如图 1-6 所示，同轴电缆阻抗为 50Ω，同轴电缆首端直接接开关电源输出端，同轴电缆末端连接陶瓷电容 C_1 为 $0.68\mu F$，碳膜电阻 R_1 为 $47\Omega/1W$，接入示波器。

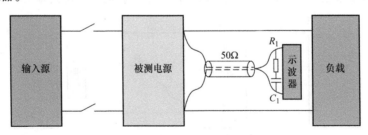

图 1-6   同轴电缆测量连接图

5. 地线环测量法

直流输出电压纹波地线环测量连接如图 1-7 所示，用专用示波器探头直接与被测电源端口连接，示波器探头上有个地线环，其探头的尖端接触电源输出正极，地线环接触电源的负极。不能采用通用示波器探头，因为通用示波器探头的地线不屏蔽且较长，容易捡拾外界电磁场的干扰，受干扰的影响越大。

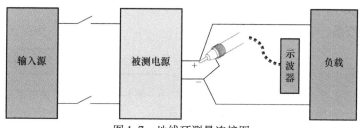

图 1-7　地线环测量连接图

6. 电容地线环测量法

直流输出电压纹波地线环 + 电容测量连接如图 1-8 所示，用专用示波器探头直接与被测电源端口可靠连接，示波器探头使用地线环，其探头的尖端接触电源输出正极，地线环接触电源的负极，正负极之间靠近探头侧并联 $10\mu F$ 电解电容和 $0.1\mu F$ 无极性瓷片电容，示波器设置为 20MHz 带宽，取样检测模式，读取输出电压峰峰值。

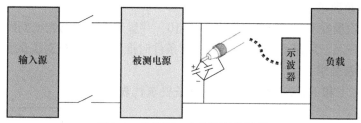

图 1-8　地线环 + 电容测量连接图

7. JEITA – RC9131D 测量法

基于 JEITA – RC9131D 标准的直流输出电压纹波测量连接如图 1-9 所示，该标准规定在被测电源输出正、负端小于 150mm 处并联两个电容 C_2 和 C_3，C_2 为 $47\mu F$ 电解电容，C_3 为 $0.1\mu F$ 薄膜电容。在这两个电容的连接端接负载及不超过 1.5m 长的 50Ω 同轴电缆，同轴电缆的另一端连接一个 50Ω 电阻 R 串接一个 $0.001\sim0.1\mu F$ 电容 C_1 后接入示波器，示波器的带宽设置为 100MHz。同轴电缆的两端连接线应尽可能地短，以防止捡拾辐射的噪声。若负载线很短，可不接 C_2 和 C_3。连接负载的线越长，则测出的纹波和噪声电压越大，在这种情况下有必要连接 C_2 及 C_3。

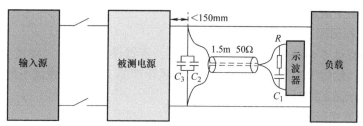

图 1-9　基于 JEITA – RC9131D 测量标准的连接图

1.6.4　热应力测试注意事项

1. 试验温度基准

自散热产品：以产品上方或侧方 2cm 处的典型位置温度为基准，自散热开关电源基准温度选择如图 1-10 所示。

基板自散热产品：以基板中心典型位置温度为基准。

水冷散热产品：以水冷基板中心典型位置温度为基准。

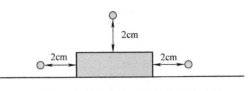

图 1-10 自散热开关电源基准温度选择

风冷产品：以进风口 1cm 处典型位置的环境温度为基准，风冷吹风型开关电源基准温度选择如图 1-11 所示，风冷抽风型开关电源基准温度选择如图 1-12 所示。

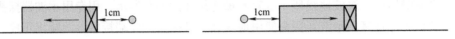

图 1-11 风冷吹风型开关电源基准温度选择   图 1-12 风冷抽风型开关电源基准温度选择

2. 环境试验箱要求

被测电源体积最好不超过试验箱体积的 1/10，并置于中部，与箱壁间隔不小于 20cm。对于自散热产品，风速不大于 0.2m/s，有条件时推荐使用自然对流试验箱。

3. 热电偶制备要求

推荐使用 K、T 和 J 形热电偶，热电偶制备要求代表尺寸如图 1-13 所示。

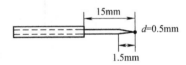

图 1-13 热电偶制备尺寸要求

剥去内绝缘层直到距离顶端约 1.5mm 处，剥去外绝缘层直到距离顶端约 15mm 处。顶端通过点焊连接，接球直径 0.5mm 为宜，焊接时严禁引入其他金属杂质，以免带来较大测试误差。

4. 热电偶粘贴点选择要求

热电偶粘贴点要以最靠近发热部位的表面或靠近周边热源方向为准。要关注热成像测试结果中的异常热点和功耗 >0.5W 的器件表面。热电偶不能直接粘在带电件表面上。风冷产品热电偶粘在器件背风侧。磁性器件的磁芯和线圈均要求进行温升测试。功率器件粘贴在靠近器件内部晶圆的外表面。继电器在距离本体 3mm 周围靠近热源处粘贴。无法确定器件最热点时同时粘贴两个疑似最高温度测试点。

5. 热测试过程把控

热电偶线不宜过多，以免影响正常散热通道。若器件在 30min 内温度变化不超过 1℃，可认为温度稳定，热熔大的器件可放宽至 2℃。风冷产品工作时长建议不低于 45min，自然散热和基板散热产品工作时长建议不低于 90min。

6. 电源安装方式影响

有些电源使用时可能放在桌子上，也可能挂在墙上，而这些电源基本上靠自然散热，安装方法不同会直接影响到电源的热对流，进而影响到电源内部的温度分布。因此，测试此类电源时必须考虑不同的安装位置，在实验室条件下，把电源摆放在桌子上时热应力测试通过，并不代表电源挂在墙上热应力测试也能通过。

有些电源叠在一起使用比较常见，做类似电源的热测试时，必须考虑到产品在此情况下热测试是否符合要求。一些机框式电源，由于槽位比较多，风道设计可能存在一定的死角。

热应力测试时必须将被测电源放在散热最差的槽位，并且在其旁边槽位插入规格所能支持的大功耗电源，满载工作进行热应力测试。

1.6.5　高加速应力试验诠释

从传统的试验测试验证角度来看，无论是环境试验，还是可靠性试验，都是根据国家规范、行业规范或产品技术规格书要求条件制定的，虽然进行了正常条件范围、极端条件及其组合的充分验证，但产品交付现场使用后，还是会不断地出现故障问题。

一方面，规范规定的使用环境不同于真实的使用环境，真实环境的影响往往是若干综合环境的累积结果，是实验室无法精确模拟的。而且真实环境应力的量值与以规范的形式规定的试验量值，也是有所差别的，甚至差别很大。同时，产品通过传统试验考核后，批量产品的耐环境能力也会存在一定的离散性，具有较大的不确定性。

另一方面，尽管传统试验方法可以发现产品薄弱环节，通过改进使其环境适应性和可靠性得到提高，但这种方式的优化过程既耗时费钱费力，费效比还极低。

这时，高加速应力试验技术出现了，高加速可靠性增长测试技术是利用超产品规格应力的方法暴露产品的设计和工艺薄弱环节，采取优化措施，改善可靠性，达成产品可靠性增长，使产品变得更健壮，而不是确定产品的可靠性。

高加速应力试验并不是一项新的试验技术，其基本原理早在 1969 年就已经存在，自出现至今已有 50 多年历史了，只是早期由于在严格保密下使用而不被业界所知。

高加速应力试验一般的操作顺序是，析出、检测、分析、纠正和验证。析出是使潜在或不可检测的薄弱环节变成明显的或可检测的缺陷的加速应力手段；检测是对析出缺陷的确定；分析是找出发生缺陷的根本原因；纠正是实施缺陷优化的措施；验证是对优化措施进行确认。将高加速试验案例入库管理，建立产品设计原则，横向推广意义更大。

高加速应力试验的过程及结果如图 1-14 所示，高加速应力试验实际上就是使用产品的超规格应力，使产品承受应力与其强度的交叉重合部分加大，激发薄弱环节或潜在缺陷析出，通过分析故障模式及故障机理，实施改进故障源措施，这个改进过程就是在提高产品的强度，旨在减小产品承受超规格应力与其强度的交叉重合部分，降低故障发生。提升后的产品强度与产品规格内极限应力相比，工作裕度获得较大提升，可靠性得到增长，产品更健壮。

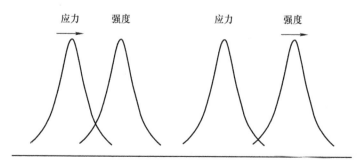

图 1-14　高加速应力试验的过程及结果

用于薄弱环节或潜在故障析出的加速应力有很多，如电压、电压变化、电流、电流变

化、温度、温度变化、湿度和振动等应力。在试验
应力选择上没有哪一种应力是最有效的，为了有效
筛选，通常同时施加多种组合应力，缺陷与几种典
型应力关系的维恩图如图 1-15 所示。

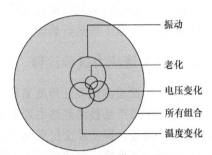

图 1-15　缺陷与几种典型应力关系的维恩图

灵活应用高加速试验技术，首先需要突破思维
的禁锢，深刻理解高加速应力的基本原理和方法，
实施超规格应力开展试验，发掘产品薄弱环节。产
品的应力和强度在实际使用中并非一成不变，随着
产品内器件老化疲劳导致产品的强度降低，应力与
强度的交叉重叠加大，故障开始发生。大多数产品在高加速应力中暴露的薄弱环节，如果不
加以改进，几乎都会变为现场故障，这些情况已经经历过数千次的验证。

高加速应力试验发现产品的薄弱环节并非产品常规故障，不能按产品故障处理流程处
理，更不能因超规范而成为拒绝寻找改进的理由，而是根据暴露薄弱点分析故障模式和故障
机理，只有故障模式和故障机理是重要的，而所采用的激发应力及应力裕量与真实使用应力
的关系则毫无意义。根据产品设计方案、实际应用场景、优化费效比及可接受的产品故障率
等决定是否对薄弱点改进解决。

目前，国内很多开关电源公司已经开展了高加速应力试验，发布了众多企业内部的加速
试验规范和测试流程。事实上，部分公司仅仅流于形式，并未从根本上完全接受高加速应力
试验，忽略了高加速应力试验的关键步骤，没有掌握高加速应力试验的灵魂，或受阻于进度
和成本等种种原因限制，不能使高加速应力试验得到全面贯彻执行，这种状况除了牵扯研发
精力外没有其他好处。

1.6.6　世界低压电网制式

目前世界低压电网运行的联结方式主要有三种形式：三相四线制（即星形联结，如图
1-16 所示）、三相三线制（即三角形联结，如图 1-17 所示）和单相三线制（即两相线与一
地线联结，如图 1-18 所示）。

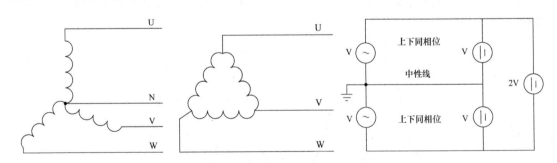

图 1-16　三相四线制星形联结　　图 1-17　三相三线制三角形联结　　　　图 1-18　单相三线制

目前世界各国室内用电所使用的电压大体有两种，分别为 100 ~ 130V 与 220 ~ 240V 两
种类型。100V、110 ~ 130V 被归类为低压，如美国、日本等以及船上的电压，注重的是安
全。220 ~ 240V 则称为高压，其中包括了中国的 220V 及英国的 230V 和很多欧洲国家，注

重的是效率。采用 220~230V 电网电压的国家，也有使用 110~130V 电压的情形，如巴西和埃及。部分国家室内电网电压和频率参数见表 1-1。

表 1-1　部分国家室内电网电压和频率参数

国家	电压/V	频率/Hz	国家	电压/V	频率/Hz
美国	120/208	60	韩国	100/200	60
	120/240	60		105/210	60
	277/480	60		220/380	60
智利	220/380	50	日本	100/200	50
				100/200	60
加拿大	120/240	60	中国	220/380	50
	120/208	60			
墨西哥	127/220	60	朝鲜	220/380	60
巴西	110/220	60	菲律宾	110/220	60
	220/440	50		115/230	60
古巴	120/240	60	哥伦比亚	110/220	60
	220/380	60		150/240	60
阿根廷	220/380	50	泰国	220/380	50
马来西亚	240/415	50	新加坡	230/400	50
多米尼加	110/220	60	印度	230/400	50
黎巴嫩	110/190	50	印尼	127/220	50
	220/380	50		220/380	50
法国	127/220	50	越南	120/208	50
	230/400	50		127/220	50
				220/380	50
意大利	220/380	50	中非	220/380	50
西班牙	230/400	50	南非	220/380	50
瑞典	230/400	50	埃及	110/220	50
				220/380	50
德国	230/400	50	委内瑞拉	120/240	60
英国	230/400	50	刚果（金）	220/380	50
俄罗斯	230/380	50	新西兰	230/400	50
希腊	230/400	50	澳大利亚	240/415	50
秘鲁	110/220	60	巴拿马	110/220	60
	220	60		115/230	60
				120/208	60
摩洛哥	127/220	50	突尼斯	127/220	50
	220/380	50		220/380	50

1.6.7 我国电网电能质量指标

电能质量是指电力系统中电能的质量，理想的电能应该是完美对称的正弦波，一些因素会使波形偏离对称正弦，由此便产生了电能质量问题，我国电网电能质量有以下指标。

1. 电力系统频率偏差

我国电力系统的标称频率为50Hz，GB/T 15945—2008《电能质量 电力系统频率偏差》中规定，电力系统正常运行条件下频率偏差限值为±0.2Hz，当系统容量较小时，偏差限值可放宽到±0.5Hz，标准中没有说明系统容量大小的界限。在《全国供用电规则》中规定供电局供电频率的允许偏差在电网容量300万kW及以上者为±0.2Hz，在电网容量300万kW以下者为±0.5Hz。实际运行中，从全国各大电力系统运行看，频率偏差都保持在不大于±0.1Hz范围内。

2. 供电电压偏差

GB/T 12325—2008《电能质量 供电电压偏差》中规定，35kV及以上供电电压正、负偏差的绝对值之和不超过标称电压的10%，20kV及以下三相供电电压偏差为标称电压的±7%，220V单相供电电压偏差为标称电压的+7%和−10%。

3. 三相电压不平衡

GB/T 15543—2008《电能质量 三相电压不平衡》中规定，电力系统公共连接点电压不平衡度限值在电网正常运行时，负序电压不平衡度不超过2%，短时不得超过4%。低压系统零序电压限值暂不做规定，但各相电压必须满足GB/T 12325—2008的要求。接于公共连接点的每个用户引起该点负序电压不平衡度允许值一般为1.3%，短时不超过2.6%。

4. 公用电网谐波

GB/T 14549—1993《电能质量 公用电网谐波》中规定，6~220kV各级公用电网电压（相电压）总谐波畸变率，在0.38kV时为5.0%，在6~10kV时为4.0%，在35~66kV时为3.0%，在110kV时为2.0%。用户注入电网的谐波电流允许值应保证各级电网谐波电压在限值范围内，所以国标规定各级电网谐波源产生的电压总谐波畸变率，在0.38kV时为2.6%，在6~10kV为2.2%，在35~66kV为1.9%，在110kV为1.5%。对220kV电网及其供电的电力用户参照本标准110kV执行。GB/T 24337—2009《电能质量 公用电网间谐波》中规定，间谐波电压含有率是1000V及以下，<100Hz为0.2%，100~800Hz为0.5%；1000V以上，<100Hz为0.16%，100~800Hz为0.4%，800Hz以上处于研究中。单一用户间谐波含有率是1000V及以下，<100Hz为0.16%，100~800Hz为0.4%；1000V以上，<100Hz为0.13%，100~800Hz为0.32%。

5. 电压波动和闪变

GB/T 12326—2008《电能质量 电压波动和闪变》中规定，电力系统公共连接点，在系统运行的较小方式下，以一周（168h）为测量周期，所有长时间闪变值 P_{lt} 满足：≤110kV，$P_{lt}=1$；>110kV，$P_{lt}=0.8$。

6. 电压暂降与短时中断

GB/T 30137—2013《电能质量 电压暂降与短时中断》中定义，电压暂降是指电力系统中某点工频电压方均根值突然降低至0.1p.u.~0.9p.u.，并在短暂持续10ms~1min后恢复正常的现象。短时中断是指电力系统中某点工频电压方均根值突然降低至0.1p.u.以下，并在短暂持续 10ms～1min 后恢复正常的现象。

1.6.8　模拟人体阻抗测试网络

　　人体对电流呈现一定的阻抗，IEC 60479 根据试验结果规定了人体阻抗模型。要测量接触电流就要有一个模拟人体阻抗的网络，在 IEC 60990 中，规定了 7 种标准的模拟人体阻抗的接触电流测试网络。

　　人体阻抗具有一定的频率特性，为了使接触电流测量网络的频率特性符合人体阻抗的频率特性，IEC 60990 对接触电流测试网络进行优化，加上一个加权网络，称为加权接触电流（感知/反应电流）测量网络。

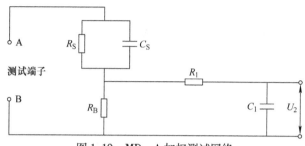

图 1-19　MD－A 加权测试网络

　　MD－A 加权测试网络如图 1-19 所示，测试网络中 R_S 为 1.5kΩ，R_B 为 0.5kΩ，R_1 为 10kΩ，C_S 为 0.22μF，C_1 为 0.022μF。U_2 为交流档有效值（V），读数时间不小于 60s，取最大值，测量的接触电流为 $U_2/500$（mA）。

　　加权接触电流测试网络可以自制，也可以购置相关设备。实际操作中，若不考虑频率特性的情况下，也可以使用 2kΩ 低感抗精密电阻对接触电流进行摸底测试。

1.6.9　IEC 62368－1 安全标准

　　产品的多元化使得音视频（AV）产品与信息通信技术（ICT）设备的界限愈来愈模糊，国际电工委员会（IEC）特别将原本负责音视频产品安全的技术委员会 TC92 与负责信息技术设备安全的技术委员会 TC74 合并为 TC108 音视频、信息通信技术安全委员会，并发布 IEC 62368－1《音频/视频、信息和通信技术设备—安全要求》，以取代现行的音视频安全标准 IEC 60065 及信息技术设备安全标准 IEC 60950－1。

　　IEC 62368－1 适用范围包括音频、视频、信息通信技术、商务和办公机器领域内的额定电压不超过 600V 的电气和电子设备及预定要安装在本设备中的元器件和组件。因此要采购第三方子系统（如开关电源）的公司将需要确定所需产品是否通过了 IEC 62368－1 标准认证。同样安装在设备内部的组件（例如底座安装式电源）也必须符合该标准，此外还包括随装箱设备一起装运的任何外部电源和适配器。但不适用于不与设备构成整体的电源系统，例如电动机发电机组、电池备用系统和配电用变压器等。

　　IEC 62368－1 不只是简单的标准合并或名称变更，而是有重大意义的新标准，因为 IEC 62368－1 中引入了基于危害的安全工程学（Hazard－Based Safety Engineering，HBSE）的全新概念，即针对不同的危险能量源，提出对不同人员的安全防护要求，标志着标准的重心从过去需要证明产品满足规范的模式发生了转移。

　　HBSE 属于安全科学领域，在过去多年中一直在不断取得进展，它将产品安全立法转向以性能为导向的思维方法，使其比规定性方法更加灵活且有效。

　　HBSE 的原理是通过确定可对用户造成疼痛或伤害的潜在危险能量源，并提出防止发生这些能量传递的措施建议，来保护设备用户的安全。其基本原理可概括为：识别使用的能量源、测量能量源产生的能量级别、判断能量源是否危险、对能量源进行分类、确定能量如何传递给人体、确定适当的保护措施和衡量保护措施的有效性。

这种单一的协调标准意在打造一种更加面向未来的安全标准，即要求制造商证明他们已考虑了已知危险，并据此构建产品，使之能够在其目标环境中安全使用。新标准强调产品在开发前期就应纳入设计安全产品的工作流程，为产品设计者提供更富弹性的设计空间，使设计出的产品更具市场竞争力。

HBSE 以三块体模型来表示危险和保护措施，该模型解释了能量源、能量传递机制或保护措施和最终用户之间的联系，如图 1-20 所示。

图 1-20　HBSE 保护措施和能量传递三块体模型（图片来源于 CUI Inc.）

除了考虑身体伤害，新标准还应用 HBSE 三块体方法来评估电气火灾的可能性，识别是否需要燃料来进行点火。此外，IEC 62368－1 还提及了与音视频、信息通信技术电气设备相关的所有能量源，包括电能、热能、化学能、动能和辐射能。

IEC 62368－1 标准将用户可能接触到的能量级别分为 ES1、ES2 和 ES3 三类，其中 ES1 是最低级别，如图 1-21 所示。在分析电气火灾危险及其预防措施时，将使用类似的升高级别分类。这种能量级别的划分可帮助设

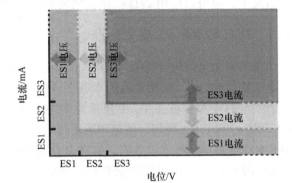

图 1-21　IEC 62368－1 能量级别分类（图片来源于 CUI Inc.）

计人员为其产品制定必要的保护措施，包括保护性接地、绝缘和防火空间等方法。同样，对于用户也有分类，按照能力分为普通人员、专业人员和受训人员。

IEC 62368－1 安全标准的测试项目见表 1-2。

表 1-2　IEC 62368－1 安全标准测试项目

序号	测试项目
1	Annex V：Determination of accessible parts 可触及零部件的确认
2	Annex T：Mechanical strength tests 机械强度测试：静态力测试、钢球冲击测试、跌落测试、应力消除测试和弹簧冲击锤冲击测试
3	5.4.1.5.3 Thermal cycling test procedure 热循环试验
4	5.4.1.10.2 Vicat softening temperature 维卡试验
5	5.4.1.10.3 Ball pressure test 球压试验
6	5.4.2 Clearances 电气间隙
7	5.4.3 Creepage distances 爬电距离试验

（续）

序号	测试项目
8	5.4.4 Solid insulation 固体绝缘试验
9	5.4.4.6 Thin sheet material 薄层材料试验
10	5.4.8 Humidity conditioning 湿热试验
11	5.4.9 Electric strength test 电气强度试验
12	5.5.2.2 Capacitor discharge 电容放电试验
13	5.6.6.2 Grounding Resistance Test 接地电阻试验

IEC 62368 – 1 与 IEC 60950 – 1 和 IEC 60065 的差异见表 1-3。

表 1-3　IEC 62368 – 1 与 IEC 60950 – 1 和 IEC 60065 的差异

序号	项目	IEC 60950 – 1 和 IEC 60065	IEC 62368 – 1
1	绝缘分类	参考 IEC 60065	无功能绝缘定义
2	接触要求	电压不超过交流 1000V 或直流 1500V 时，试验指或试验针于内部导电件之间没有最小空气间隙的要求；对于更高电压，在带危险电压的零部件和处在最不利位置的试验指或试验针之间的电气间隙，应当符合基本绝缘的最小电气间隙或承受相关电气强度试验	对 ES3 电压不超过 420V 峰值时，试验指或试验针不应接触到裸露的内部导电零部件 对 ES3 电压大于 420V 峰值时，试验指或试验针不应接触到裸露的内部导电零部件，且与该零部件之间的电气间隙应满足下列两个要求之一： 1）通过电气强度试验，试验电压等于 IEC 62368 – 1 中表 2-10 中相应峰值工作电压的基本绝缘试验电压 2）具有符合 IEC 62368 – 1 中表 2-11 的最小距离
3	表面温升限值	IEC 60950 – 1 表 4C 和 IEC 60065 表 3 中有描述，可能接触的表面温升值为 95℃	IEC 62368 – 1 中以人体接触时间小于 1s 时表面温度限值为 94℃
4	球压测试和维卡软化温度测试	IEC 60950 – 1 中描述直接安装上带危险电压零部件的热塑性塑料件，若没有取得供应商提供的满足球压测试证明，则需要进行球压测试 IEC 60065 中描述若预计与电网电源导电连接的零部件承载的稳态电流大于 0.2A，而且会由于接触不良而大量发热，则支撑这些零部件的绝缘材料需要做此测试	IEC 62368 – 1 中描述支撑金属部件的热塑性塑料部分需要从材料供应商取得相关维卡测试数据，若是无法取得，那需要做维卡测试或球压测试
5	固体绝缘厚度要求		IEC 62368 – 1 中 5.4.4.2 对固体绝缘距离要求为，峰值电压不超过 ES2 限值 70.7V_p，或者用于基本绝缘时，对固体绝缘厚度无要求，否则需要厚度 0.4mm
6	泄放电测试	对 APD 产品，IEC 60950 – 1 要求 1s 内低于电压 < 37% V_{max}，IEC 60065 要求 2s 后电压 < 35V_p	IEC 62368 – 1 表 5 要求电容泄放电 2s 后小于 60V_p
7	电气间隙限值计算		IEC 62368 – 1 中定义，电气间隙由峰值电压或耐压电压或电气强度来决定，具体参阅表 11、表 15、表 16 和表 17
8	桥接基本绝缘的电容	IEC 60950 – 1（Table 1D）和 IEC 60065 中描述，桥接基本绝缘的 Y2 Type 电容要求 1 颗	IEC 62368 – 1（表 G.9）要求桥接基本绝缘的 Y2 Type 电容要用 2 颗
9	防火外壳	IEC 60950 – 1 和 IEC 60065 中均要求 V – 1 即可	IEC 62368 – 1 中 6.4.8.4 描述，使用防火外壳隔离 PIS（潜在着火源）时需要使用 V – 0 等级材质
10	雷击测试后的验证	IEC 60065 中 10.1 描述，Surge Test 后需要进行绝缘电阻试验（Insulation Resistance Test）和电气强度试验（Electric Strength Test）	IEC 62368 – 1 中 5.4.5.3 描述进行 Surge 测试后需要进行绝缘电阻试验（Insulation Resistance Test）

第2章 开关电源技术指标测试

开关电源技术指标包含输入技术指标、输出技术指标、整机技术指标、保护技术指标和其他技术指标，这些技术指标用于表征和评价开关电源品质的基本参数，是开关电源设计、测试和选择的重要依据，也是开关电源技术参数友好性的体现。

若无特别说明，开关电源输入默认为交流，输出默认为直流。

2.1 输入技术指标测试

2.1.1 输入电压制式测试

输入电压制式测试见表2-1。

表2-1 输入电压制式测试

指标定义	被测开关电源输入的形式，如直流、单相交流、三相交流或兼容多种输入形式
指标来源	行业标准、产品需求规格书
所需设备	输入源、负载、电压表、电流表
测试条件	依据产品规格书所规定的输入制式进行电气连接，默认按额定输入电压、额定输出电压、满载测试
测试框图	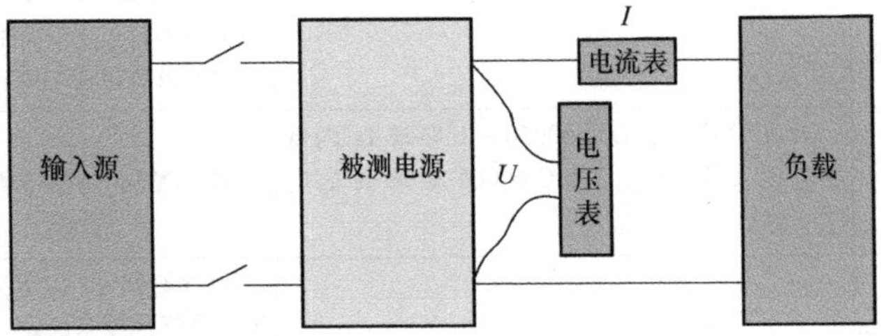 注：测试框图中被测电源的地线未绘制，测试时按设计连接地线，下同
测试方法	检查被测开关电源输入端口制式设计，按要求输入形式，设置并启动开关电源工作于额定输入、默认输出电压、满载，记录开关电源工作情况
注意事项	对于双路输入带切换装置的开关电源，如实记录即可

2.1.2　输入双相线测试

输入双相线测试见表 2-2。

表 2-2　输入双相线测试

指标定义	被测开关电源是否具有双相线输入功能
指标来源	行业标准、产品需求规格书
所需设备	输入源、负载、电压表、电流表
测试条件	依据产品规格书所规定的输入和输出要求
测试框图	
测试方法	检查开关电源输入是否具有双熔断器设计，输入端连接双相线，启动并使被测开关电源工作于额定输出满载，记录开关电源工作情况
注意事项	适用于 110V/115V/120V 和 220V 兼容的交流输入型开关电源

2.1.3　输入启动电压测试

输入启动电压测试见表 2-3。

表 2-3　输入启动电压测试

指标定义	被测开关电源启动工作时的输入电压值
指标来源	行业标准、产品需求规格书
所需设备	输入源、负载、电压表、电流表
测试条件	依据规格书所规定的输出电压和负载要求
测试框图	
测试方法	按规格书所规定的输出电压和负载要求，使输入电压从 0V 缓慢升压直到电源启动工作，记录电源启动时的输入电压值
注意事项	输入电压检测点尽量靠近开关电源端口

2.1.4 额定输入电压测试

额定输入电压测试见表2-4。

表2-4 额定输入电压测试

指标定义	被测开关电源铭牌标称电压
指标来源	行业标准、产品需求规格书
所需设备	输入源、负载、电压表、电流表
测试条件	依据规格书所规定的输入和输出要求
测试框图	
测试方法	目测被测开关电源铭牌，检查铭牌标称电压，使被测电源工作于标称输入电压范围，额定输出电压规定负载，记录开关电源工作情况
注意事项	无

2.1.5 输入瞬态电压测试

输入瞬态电压测试见表2-5。

表2-5 输入瞬态电压测试

指标定义	被测开关电源承受瞬态输入电压的能力 瞬态输入电压持续时间一般小于100ms
指标来源	行业标准、产品需求规格书
所需设备	输入源、负载、示波器、电压表、电流表
测试条件	依据规格书所规定的输入和输出要求
测试框图	
测试方法	使被测电源工作于额定输入、额定输出状态，通过可编程输入源按求的瞬态电压值（交流时注意输入的起始相位）及持续时间调节输入电压波形，如在输入上叠加300V的电压跳变，叠加频率为1次/30s，检查开关电源工作状态，试验后对开关电源基本指标进行测试
注意事项	电源在上述条件下能够稳定运行，不能出现损坏或其他不正常现象

2.1.6　输入电压范围测试

输入电压范围测试见表 2-6。

表 2-6　输入电压范围测试

指标定义	被测开关电源的输入电压在规格书要求内变化时，是否会对开关电源造成损坏或导致输出不稳定，确认开关电源在规定的输入电压变化范围内能够正常工作以保障设备供电正常
指标来源	行业标准、产品需求规格书
所需设备	输入源、负载、电压表、电流表
测试条件	依据规格书所规定的输入和输出要求
测试框图	
测试方法	使被测电源工作于额定输入、额定输出、满载状态，逐渐调低输入电压至工作电压下限，若具有降载设计，记录降载点并进行降载后继续调低输入电压至工作电压下限。若具有欠电压保护设计的，继续调低电压直到被测电压欠电压保护，记录欠电压保护电压值 使被测电源恢复额定输入额定输出满载状态，逐渐调高输入电压至工作电压上限，若具有降载设计，记录降载点并进行降载后再调高输入电压至工作电压上限。若具有过电压保护设计的，继续调高电压直到被测电压过电压保护，记录过电压保护电压值
注意事项	输入电压监测点置于被测电源输入端口，尽量靠近被测电源本体

2.1.7　额定输入频率测试

额定输入频率测试见表 2-7。

表 2-7　额定输入频率测试

指标定义	被测开关电源的额定输入频率 常规额定频率有 50Hz、60Hz、250Hz、400Hz 和 800Hz 等
指标来源	行业标准、产品需求规格书
所需设备	输入源、负载、功率分析仪、电压表、电流表
测试条件	依据规格书所规定的输入电压、输入频率和负载要求
测试框图	
测试方法	启动被测开关电源，使其工作于额定频率输入、额定输入电压，额定输出电压满载工作，观察并记录开关电源工作状态
注意事项	适用于交流输入类型的开关电源

2.1.8 输入频率范围测试

输入频率范围测试见表2-8。

表2-8 输入频率范围测试

指标定义	被测开关电源的输入频率在规格书要求内变化时，是否会对开关电源造成损坏或输出不稳定，确认开关电源在规定的输入频率变化范围内能否正常工作以保障设备供电正常
指标来源	行业标准、产品需求规格书
所需设备	输入源、负载、功率分析仪、电压表、电流表
测试条件	依据规格书所规定的输入电压、输入频率和负载要求
测试框图	
测试方法	使被测电源工作于额定频率输入、额定输出、满载状态，逐渐调低输入频率至工作频率下限，若具有欠频保护设计，记录欠频保护值 使被测电源恢复额定频率输入、额定输出、满载状态，逐渐调高输入频率至工作频率上限，若具有过频保护设计，记录过频保护值 被测电源的工作频率范围即为（欠频保护值~过频保护值）
注意事项	适用于交流输入类型的开关电源

2.1.9 额定输入电流测试

额定输入电流测试见表2-9。

表2-9 额定输入电流测试

指标定义	被测开关电源在额定工况下的输入电流值
指标来源	行业标准、产品需求规格书
所需设备	输入源、负载、功率分析仪、电压表、电流表
测试条件	依据规格书所规定的输入和输出要求
测试框图	
测试方法	使被测电源工作于额定输入、额定输出、满载状态，通过功率分析仪测量并记录被测开关电源输入电流值
注意事项	具有额定输入范围的开关电源，需进行额定输入下限时输入电流测试

2.1.10　最大输入电流测试

最大输入电流测试见表 2-10。

表 2-10　最大输入电流测试

指标定义	被测开关电源在各种规定工况下的最大输入电流值，最大输入电流影响上一级的系统配电设计
指标来源	行业标准、产品需求规格书
所需设备	输入源、负载、功率分析仪、电压表、电流表
测试条件	依据规格书所规定的输入和输出要求
测试框图	
测试方法	使被测开关电源工作于额定输入、额定输出、满载状态，逐渐增大负载至最大负载输出，再缓慢调低输入电压，若具有降载设计，记录降载点前最大输入电流值；按降载设计参数进行降载后，再继续调低输入电压至工作电压下限，记录降载段的最大输入电流值；与降载前最大输入电流值对比，两者取最大值作为被测开关电源的最大输入电流值
注意事项	1）不要忽视输入降载段最大输入电流的筛选测试 2）建议负载采用恒阻模式调节

2.1.11　空载输入电流测试

空载输入电流测试见表 2-11。

表 2-11　空载输入电流测试

指标定义	被测开关电源在额定输入、空载输出工况下的输入电流值
指标来源	行业标准、产品需求规格书
所需设备	输入源、功率分析仪、电压表、电流表
测试条件	依据规格书所规定的输入电压和输出电压要求，默认按额定输入电压、额定输出电压测试
测试框图	
测试方法	设置并启动被测开关电源工作于额定输入、额定输出状态，输出负载调节为空载，通过功率分析仪或毫安表测量并记录输入的电流值
注意事项	一般情况下，开关电源在空载时输入电流较小，需使用合适量程功率分析仪或毫安表测量

2.1.12　输入纹波电流测试

输入纹波电流测试见表2-12。

表2-12　输入纹波电流测试

指标定义	被测开关电源在满载工况下，滤波器与电源之间输入电流交流分量的峰峰值
指标来源	行业标准、产品需求规格书
所需设备	输入源、滤波器、负载、示波器、电压表、电流表
测试条件	依据规格书所规定的输入和输出要求，默认按开关电源额定输入电压、额定输出电压、满载测试
测试框图	
测试方法	使被测电源工作于额定输入、额定输出、满载状态，用示波器和电流探头测试被测开关电源和输入滤波电路之间的电流峰峰值，该值即为被测开关电源的输入纹波电流
注意事项	1）适用于外置滤波器的直流输入类型开关电源 2）示波器采用20MHz带宽、AC耦合、取样模式

2.1.13　输入反灌杂音电流测试

输入反灌杂音电流测试见表2-13。

表2-13　输入反灌杂音电流测试

指标定义	被测开关电源在满载工况下的输入电流峰峰值
指标来源	行业标准、产品需求规格书
所需设备	输入源、负载、示波器、电流表
测试条件	依据规格书所规定的输入和输出要求
测试框图	
测试方法	使被测电源工作于额定输入、额定输出、满载状态，用示波器和电流探头测试被测开关电源的输入滤波电路和输入源之间的电流峰峰值，该值即为输入反灌杂音电流
注意事项	1）适用于具有滤波电路的直流输入类型开关电源 2）示波器采用20MHz带宽、AC耦合、取样模式

2.1.14　输入反灌相对杂音电流测试

输入反灌相对杂音电流测试见表 2-14。

表 2-14　输入反灌相对杂音电流测试

指标定义	开关电源在满载工况下输入反灌相对杂音电流定义如下式所示 $$输入反灌相对杂音电流 = I_{pp}/(2\sqrt{2}I_{dc})$$ 式中，I_{pp} 为输入电流峰峰值；I_{dc} 为输入电流平均值
指标来源	行业标准、产品需求规格书
所需设备	输入源、负载、示波器、电流表
测试条件	依据规格书所规定的输入和输出要求，默认按额定输入电压、额定输出电压、满载条件测试
测试框图	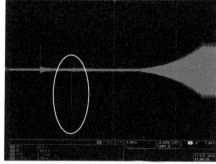
测试方法	使被测电源工作于额定输入、额定输出、满载状态，用示波器和电流探头测试被测开关电源输入滤波电路和输入源之间的电流峰峰值 I_{pp} 和 I_{dc}，计算输入反灌相对杂音电流值
注意事项	1）适用于具有滤波电路的直流输入类型开关电源 2）示波器采用 20MHz 带宽，AC 耦合，取样模式

2.1.15　启动冲击电流测试

启动冲击电流测试见表 2-15。

表 2-15　启动冲击电流测试

指标定义	被测开关电源在启动过程中的输入冲击电流峰值不大于额定输入电压下最大稳态输入电流峰值的 150%，输入冲击电流如下图所示
指标来源	行业标准、产品需求规格书
所需设备	输入源、负载、示波器、电流表
测试条件	依据规格书所规定的输入和输出要求，默认按额定输入电压、额定输出电压、满载条件测试

（续）

测试框图	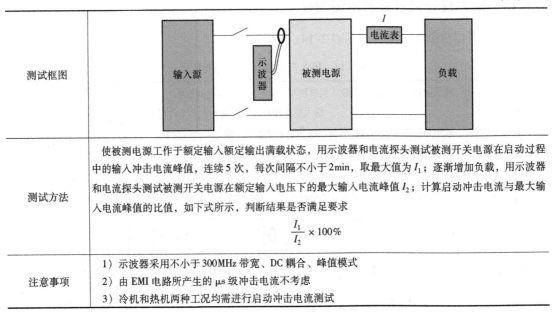
测试方法	使被测电源工作于额定输入额定输出满载状态，用示波器和电流探头测试被测开关电源在启动过程中的输入冲击电流峰值，连续 5 次，每次间隔不小于 2min，取最大值为 I_1；逐渐增加负载，用示波器和电流探头测试被测开关电源在额定输入电压下的最大输入电流峰值 I_2；计算启动冲击电流与最大输入电流峰值的比值，如下式所示，判断结果是否满足要求 $$\frac{I_1}{I_2} \times 100\%$$
注意事项	1）示波器采用不小于 300MHz 带宽、DC 耦合、峰值模式 2）由 EMI 电路所产生的 μs 级冲击电流不考虑 3）冷机和热机两种工况均需进行启动冲击电流测试

2.1.16　启动冲击电流能量测试

　　启动冲击电流能量测试见表 2-16。

表 2-16　启动冲击电流能量测试

指标定义	被测开关电源在启动过程中的输入冲击电流的 2 次方进行时域积分
指标来源	行业标准、产品需求规格书
所需设备	输入源、负载、示波器、电流表
测试条件	依据规格书所规定的输入和输出要求
测试框图	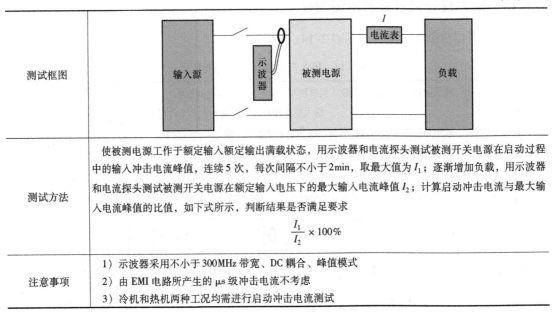
测试方法	使被测电源工作于额定输入、额定输出、满载状态，用示波器和电流探头测试被测开关电源在启动过程中的输入冲击电流波形，并对电流值的 2 次方进行时域积分，在规定时间段用光标卡出积分波形纵轴幅值差，连续 5 次，每次间隔不小于 2min，取最大值
注意事项	1）示波器采用不小于 300MHz 带宽、DC 耦合、峰值模式 2）由 EMI 电路所产生的 μs 级冲击电流不考虑 3）冷机和热机及均需进行启动冲击电流能量测试

2.1.17　输入功率因数测试

输入功率因数测试见表 2-17。

表 2-17　输入功率因数测试

指标定义	被测开关电源在不同负载时的输入功率因数大小；功率因数是指交流电输入有功功率与视在功率的比值，在一定电压和功率下，该值越高，效益越好，输入交流源能量越能充分利用
指标来源	行业标准、产品需求规格书
所需设备	输入源、负载、功率分析仪、电压表、电流表
测试条件	依据规格书所规定的输入和输出要求
测试框图	
测试方法	使被测电源工作于额定输入、额定输出状态，用功率分析仪读取被测开关电源在满载、半载和其他负载条件下的输入功率因数
注意事项	1）适用于交流输入类型的开关电源 2）测试时要求输入交流源电压畸变率≤2%

2.1.18　输入电流总谐波失真测试

输入电流总谐波失真测试见表 2-18。

表 2-18　输入电流总谐波失真测试

指标定义	被测开关电源在不同负载时的输入电流总谐波失真（Total Harmonic Distortion，THD） 在 GB/T 17626.7—2017《电磁兼容　试验和测量技术　供电系统及所连设备谐波、间谐波的测量和测量仪器导则》中，THD 定义如下： $$THD = \sqrt{\sum_{n=2}^{H} \left(\frac{G_n}{G_1} \right)^2}$$ 式中，G 为谐波分量的有效值，它将按要求在表示电流时被 I 代替，或表示电压时被 U 代替；H 的值在与限值有关的每一个标准中给出。按照上述定义，THD 不包含基波，并且有一固定的谐波上限 在 GB/T 12668.2—2002《调速电气传动系统　第 2 部分：一般要求　低压交流变频电气传动系统额定值的规定》THD 定义如下： $$THD = \sqrt{\frac{Q^2 - Q_1{}^2}{Q_1{}^2}}$$ 式中，Q 为总有效值；Q_1 为基波有效值；可代表电压或电流，按照上述定义，THD 包含基波和直流分量
指标来源	行业标准、产品需求规格书
所需设备	输入源、负载、功率分析仪、电压表、电流表
测试条件	依据规格书所规定的输入和输出要求，默认按额定输入电压、额定输出电压、满载条件测试

（续）

测试框图	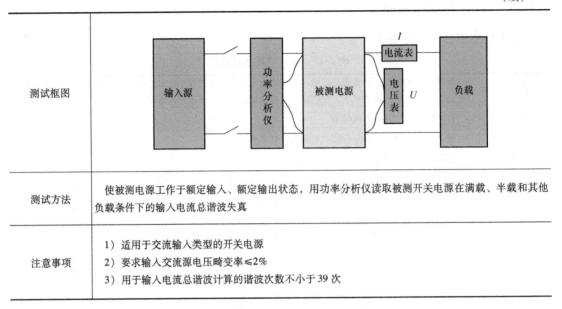
测试方法	使被测电源工作于额定输入、额定输出状态，用功率分析仪读取被测开关电源在满载、半载和其他负载条件下的输入电流总谐波失真
注意事项	1）适用于交流输入类型的开关电源 2）要求输入交流源电压畸变率≤2% 3）用于输入电流总谐波计算的谐波次数不小于39次

2.1.19　输入电压波形畸变率测试

输入电压波形畸变率测试见表2-19。

表2-19　输入电压波形畸变率测试

指标定义	被测开关电源对输入电压造成的畸变率情况。该指标在 YD/T 731—2008 中是对电源的指标要求，但在 YD/T 731—2018 中删除，将其改为电源测试的前置条件
指标来源	行业标准、产品需求规格书
所需设备	输入源、负载、功率分析仪、电压表、电流表
测试条件	依据规格书所规定的输入电压和负载要求，默认按额定输入电压、额定输出电压、满载条件测试
测试框图	
测试方法	使被测电源工作于额定输入、额定输出、满载状态，用功率分析仪读取被测开关电源的输入电压波形畸变率
注意事项	适用于交流输入类型的开关电源

2.1.20　输入反接测试

输入反接测试见表 2-20。

表 2-20　输入反接测试

指标定义	被测开关电源对输入反接的适应能力
指标来源	行业标准、产品需求规格书
所需设备	输入源、负载、电压表、电流表
测试条件	依据规格书所规定的输入和输出要求，默认按额定输入电压、额定输出电压、满载条件测试
测试框图	
测试方法	设置被测开关电源为额定输入、额定输出、满载工作，断开输入后进行输入线缆反接或调换输入相序，上电观察被测电源是否正常启动和带载
注意事项	1）直流输入时调换正负极，单相输入时调换 LN，三相输入时调换相序 2）直流输入没有防反接设计的开关电源禁止该项测试

2.2　输出技术指标测试

2.2.1　输出电压整定值测试

输出电压整定值测试见表 2-21。

表 2-21　输出电压整定值测试

指标定义	被测开关电源出厂时默认输出电压值
指标来源	行业标准、产品需求规格书
所需设备	输入源、负载、电压表、电流表
测试条件	依据规格书所规定的输入和输出要求，默认按额定输入电压、整定输出电压、满载测试
测试框图	
测试方法	设置被测开关电源为额定输入、额定输出、规定负载工作，用电压表测量开关电源输出端口的电压值，该电压即为输出电压整定值
注意事项	电压检测点尽量靠近开关电源输出端口

2.2.2 输出电压范围测试

输出电压范围测试见表2-22。

表 2-22 输出电压范围测试

指标定义	被测开关电源可调节的输出电压范围
指标来源	行业标准、产品需求规格书
所需设备	输入源、负载、电压表、电流表
测试条件	依据规格书所规定的输出电压和负载要求
测试框图	
测试方法	设置被测开关电源为额定输入、额定输出、满载工作,通过调试软件或手动方式调高输出电压,直至输出电压变化至不满足稳压精度或不能再调节或电源关机保护,测量并记录输出电压上限值;通过调试软件或手动方式调低输出电压,直至输出电压变化不满足稳压精度或不能再调节或电源关机保护,测量并记录输出电压下限值
注意事项	若电源输出具有降载设计,按降载的负载率进行调节后继续测试,并给出满载工作对应的输出电压上下限和降载工作对应的输出电压上下限

2.2.3 额定输出功率测试

额定输出功率测试见表2-23。

表 2-23 额定输出功率测试

指标定义	被测开关电源的额定输出功率大小
指标来源	行业标准、产品需求规格书
所需设备	输入源、负载、电压表、电流表
测试条件	依据规格书所规定的输入电压、输出电压和输出功率要求,默认按额定输入电压、额定输出电压测试
测试框图	
测试方法	设置开关电源为额定输入、额定输出、标称额定负载工作,测量并记录输出功率;逐渐调高输入电压,直至电源出现降载或不能工作,测量并记录输出功率变化前的输入电压;恢复额定输入,再逐渐调低输入电压,直至电源出现降载或不能工作,测量并记录输出功率变化前的输入电压;设置不同的输出电压,重复上述测试,分别给出额定输出功率对应输入电压、输出电压的关系

2.2.4　最大输出功率测试

最大输出功率测试见表2-24。

表 2-24　最大输出功率测试

指标定义	被测开关电源输出功率的最大值，又称峰值输出功率
指标来源	行业标准、产品需求规格书
所需设备	输入源、负载、电压表、电流表
测试条件	依据规格书所规定的输入电压、输出电压和输出负载要求
测试框图	
测试方法	设置电源为额定输入、额定输出，负载为满载工作，逐渐加大负载直至电源输出功率达到最大值或关机保护，测量并记录输出的最大功率值
注意事项	最大输出功率测试时关注峰值输出功率持续时间要求

2.2.5　额定输出电流测试

额定输出电流测试见表2-25。

表 2-25　额定输出电流测试

指标定义	被测开关电源的额定输出电流大小
指标来源	行业标准、产品需求规格书
所需设备	输入源、负载、电压表、电流表
测试条件	依据规格书所规定的输入电压、输出电压和输出电流要求，默认按额定输入电压、额定输出电压测试
测试框图	
测试方法	设置开关电源为额定输入、额定输出，负载采用标称额定电流工作，测量并记录输出电流。逐渐调高输入电压，直至电源出现输出电流变小或不能工作，测量并记录输出电流变化前的输入电压；恢复额定输入，再逐渐调低输入电压，直至电源出现输出电流变小或不能工作，测量并记录输出电流变化前的输入电压；设置不同的输出电压，重复上述测试，分别给出额定输出电流对应输入电压、输出电压的关系

2.2.6 最大输出电流测试

最大输出电流测试见表2-26。

表 2-26 最大输出电流测试

指标定义	被测开关电源的最大输出电流
指标来源	行业标准、产品需求规格书
所需设备	输入源、负载、电压表、电流表
测试条件	依据规格书所规定的输入电压、输出电压和输出负载要求
测试框图	
测试方法	设置电源为额定输入、额定输出,负载为满载工作,逐渐加大负载直至电源输出电流达到最大值或关机保护,测量并记录输出最大电流值
注意事项	最大输出电流又称为峰值输出电流,关注峰值输出电流持续时间要求

2.2.7 稳流精度测试

稳流精度测试见表2-27。

表 2-27 稳流精度测试

指标定义	被测开关电源在各种工况下的输出电流精度
指标来源	NB/T 33001、NB/T 33008.1
所需设备	输入源、负载、电压表、电流表
测试条件	依据规格书所规定的输入电压、输出电压和输出负载要求
测试框图	
测试方法	设置电源为额定输入、额定恒流输出,设定输出电流整定值,调整输入电压分别为85%、100%、115%额定值时,调整输出电压在上下限范围内,分别测量输出电流值,找出上述变化范围内输出电流的极限值 I_M,在 20% ~100% 额定输出电流值范围内改变输出电流整定值,重复上述测量,稳流精度计算公式如下: $$\delta_I = \frac{I_M - I_Z}{I_Z} \times 100\%$$ 式中,δ_I 为稳流精度;I_Z 为交流输入电压为额定值输出电压在上下限范围内的中间值时输出电流的测量值;I_M 为输出电流的极限值

2.2.8 负载效应测试

负载效应测试见表 2-28。

表 2-28 负载效应测试

指标定义	被测开关电源输出负载变化对输出电压的影响，也称输出调整率
指标来源	行业标准、产品需求规格书
所需设备	输入源、负载、电压表、电流表
测试条件	依据规格书所规定的输出电压和输出负载要求
测试框图	 输入源　　被测电源　　I 电流表　　U 电压表　　负载
测试方法	设置电源为额定输入额定输出 50% 负载工作，测量并记录输出电压值 V_0；调节输出为满载，记录输出电压值 V_{a1}；调节输出为 5% 负载或规格书要求的负载率，测量并记录输出电压值 V_{a2}；计算负载效应公式如下，取最大值。 $$负载效应 = \frac{|V_{a1} - V_0|}{V_0} \times 100\%，\frac{|V_{a2} - V_0|}{V_0} \times 100\%$$ 式中，V_0 为输出电压整定值；V_{a1} 为满载输出电压值；V_{a2} 为轻载输出电压值
注意事项	输出电压检测点尽量靠近开关电源端口

2.2.9 交叉调整率测试

交叉调整率测试见表 2-29。

表 2-29 交叉调整率测试

指标定义	被测开关电源输出各路负载变化对其他路输出电压的影响
指标来源	行业标准、产品需求规格书
所需设备	输入源、负载、电压表
测试条件	依据规格书所规定的输出电压和输出负载要求
测试框图	 输入源　　被测电源　　U_1 电压表　　负载　　U_2

（续）

测试方法	启动被测开关电源工作于额定输入各路整定值输出，各路均施加50%负载，得出某一路输出电压 V_0；该路施加10%负载，其余各路施加满载时测量该路输出电压 V_1；该路施加满载，其余各路施加10%负载时该路的输出电压 V_2，计算该路的交叉调整率如下式所示，取最大计算结果，同理进行其他路交叉调整率测试 $$交叉调整率 = \frac{\dfrac{V_1}{V_2} - V_0}{V_0} \times 100\%$$ 式中，V_0 为50%负载输出电压值；V_1 为轻载输出电压值；V_2 为满载输出电压值
注意事项	适用于多路输出的开关电源

2.2.10 输出阻抗测试

输出阻抗测试见表2-30。

表2-30　输出阻抗测试

指标定义	被测开关电源输出负载变化量引起输出电压变化量，也称为等效内阻
指标来源	行业标准、产品需求规格书
所需设备	输入源、负载、电压表、电流表
测试条件	依据规格书所规定的输出电压和输出负载要求
测试框图	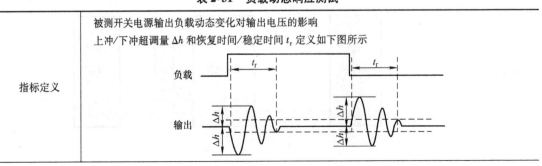
测试方法	被测开关电源额定输入整定值输出，分别施加空载和满载，记录对应负载的输出电压值，计算电压变化 ΔU 和电流变化 ΔI，计算输出阻抗 R 如下式所示 $$R = \frac{\Delta U}{\Delta I}$$ 式中，ΔU 为输出电压变化量；ΔI 为输出电流变化量

2.2.11 负载动态响应测试

负载动态响应测试见表2-31。

表2-31　负载动态响应测试

指标定义	被测开关电源输出负载动态变化对输出电压的影响 上冲/下冲超调量 Δh 和恢复时间/稳定时间 t_r 定义如下图所示

（续）

指标来源	行业标准、产品需求规格书
所需设备	输入源、电子负载、示波器、电流表
测试条件	依据规格书所规定的输出电压和输出负载变化要求
测试框图	
测试方法	启动被测电源工作于额定输入额定输出，设置负载 25%~50% 动态变化，测量并记录加载和减载时输出电压超调量及恢复时间；分别设置负载 50%~75%、20%~80%、10%~90% 和 0%~100% 动态变化，测量并记录加载和减载时电压超调量及恢复时间
注意事项	1）负载电流变化率设定为 0.1A/μs、0.2A/μs、2A/μs 或规格书要求 2）示波器带宽设置为 20MHz，取样模式

2.2.12　极速负载动态测试

极速负载动态测试见表 2-32。

表 2-32　极速负载动态测试

指标定义	被测开关电源受输出负载极速突变而对输出电压的影响 激光器，尤其脉冲激光器对电源负载动态有苛刻的要求，在毫秒时间内电流消耗会在标称值的 0%~110% 范围内突变，即使在这样苛刻的条件下，电压波动也必须在规定值内，否则激光器性能质量会下降
指标来源	行业标准、产品需求规格书
所需设备	输入源、电子负载、示波器、电流表
测试条件	依据规格书所规定的输出电压和输出负载变化要求
测试框图	
测试方法	启动开关电源工作于额定输入、额定输出电压，调节负载电流变化率设定为 10A/μs 或规格书要求，设置负载 0%~110% 动态变化，分别测量并记录加载和减载时输出电压的超调量及恢复时间；分别调节不同输入电压和输出电压，重复上述操作，超调量及恢复时间应满足规格书要求
注意事项	1）适用于激光器尤其是脉冲激光器开关电源 2）示波器带宽设置为 20MHz，取样模式

2.2.13 纹波峰峰值测试

纹波峰峰值测试见表2-33。

表2-33 纹波峰峰值测试

指标定义	被测开关电源输出直流电压峰峰值纹波大小 开关电源的输出并不是真正恒定的,输出存在着周期性的抖动,这些抖动看上去就和水纹一样,称为纹波;通常用峰峰值纹波电压和纹波系数两个参数来描述纹波,峰峰值纹波电压就是纹波电压的峰峰值;纹波系数就是输出直流的交流分量有效值与直流分量之比 开关电源的纹波来自两个地方:低频纹波来自 AC 输入的周期,电源对输入的抑制比不是完美的,当输入变化,输出也会变化;高频纹波来自开关切换的周期,开关电源不是线性连续输出能量,而是将能量分成一个个包来传输,因此会存在和开关周期相对应的纹波,如果是线性电源,是没有开关纹波的,只有低频纹波 纹波与噪声区别:纹波是由于 AC 周期或开关周期引起的输出抖动,而噪声是随机耦合到输出上的高频信号,是不一样的 低频纹波、高频纹波和噪声定义如下图所示 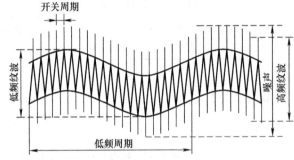
指标来源	行业标准、产品需求规格书
所需设备	输入源、阻性负载、示波器、电流表
测试条件	依据规格书所规定的输出电压和输出负载要求,默认按额定输入电压、额定输出电压、满载测试
测试框图	
测试方法	设置电源为额定输入、额定输出、满载工作,用示波器光标测量并记录输出电压低频纹波峰峰值和高频纹波峰峰值,调节不同负载率,用示波器光标分别测量并记录输出电压低频纹波峰峰值和高频纹波峰峰值;调节不同输出电压,重复上述操作
注意事项	1)示波器带宽 20MHz,取样模式 2)为减小探头地线引入的干扰,可采用去掉地线夹的地线环测试 3)纹波波形尽量占满屏的 2/3 左右,不开机底噪最好≤1/3 限值 4)在电信行业电源标准中,通信电源纹波测试时不能并联 $10\mu F$ 电解电容和 $0.1\mu F$ 无极性电容,但为了减小地线较长对测试结果带来的干扰或偏差,可对地线进行缠绕处理 5)其他板上电源纹波测试时可并联 $10\mu F$ 电解电容和 $0.1\mu F$ 无极性电容,因为示波器探针在普通情况下也等效于一根天线,可以接收一些外面的干扰,影响实际的测试效果,需要在最外端加入旁路电容,将高频干扰滤除

(测试框图:输入源 → 被测电源 → 示波器 → 阻性负载,电流表 I,电压 U)

2.2.14 纹波噪声测试

纹波噪声测试见表2-34。

表2-34 纹波噪声测试

指标定义	被测开关电源输出电压被随机耦合的高频峰峰值噪声大小
指标来源	行业标准、产品需求规格书
所需设备	输入源、阻性负载、示波器、电流表
测试条件	依据规格书所规定的输出电压和输出负载要求
测试框图	
测试方法	设置电源为额定输入、额定输出、满载工作，用示波器测量并记录输出电压纹波峰峰值噪声，调节不同负载率，用示波器分别读取并记录输出电压纹波高频峰峰值噪声。调节不同输出电压，重复上述操作
注意事项	1）示波器带宽 20MHz，取样模式，扫描速率应低于500ms 2）为减小探头地线引入的干扰，可采用去掉地线夹的地线环测试 3）纹波波形尽量占满屏的2/3左右，不开机底噪最好≤1/3 限值 4）通信电源纹波测试时不并联 $10\mu F$ 电解电容和 $0.1\mu F$ 无极性电容 5）其他板上电源纹波测试时并联 $10\mu F$ 电解电容和 $0.1\mu F$ 无极性电容

2.2.15 纹波有效值测试

纹波有效值测试见表2-35。

表2-35 纹波有效值测试

指标定义	被测开关电源输出电压交流分量有效值大小
指标来源	行业标准、产品需求规格书
所需设备	输入源、阻性负载、示波器、电流表
测试条件	依据规格书所规定的输出电压和输出负载要求
测试框图	
测试方法	设置电源为额定输入、额定输出、满载工作，测量并记录输出电压纹波有效值，调节不同负载率的负载，分别测量并记录输出电压纹波有效值；调节不同输出电压，重复上述操作
注意事项	1）示波器带宽 20MHz，取样模式 2）为减小探头地线引入的干扰，可采用去掉地线夹的地线环测试 3）纹波波形尽量占满屏的2/3左右，不开机底噪最好≤1/3 限值 4）通信电源纹波测试时不并联 $10\mu F$ 电解电容和 $0.1\mu F$ 无极性电容 5）其他板上电源纹波测试时并联 $10\mu F$ 电解电容和 $0.1\mu F$ 无极性电容

2.2.16 纹波系数测试

纹波系数测试见表2-36。

表2-36 纹波系数测试

指标定义	被测开关电源输出电压交流分量有效值与输出电压平均值的比值
指标来源	行业标准、产品需求规格书
所需设备	输入源、阻性负载、示波器、电流表
测试条件	依据规格书所规定的输出电压和输出负载要求
测试框图	
测试方法	设置电源为额定输入、额定输出、满载工作，用示波器测量并记录输出电压纹波有效值和输出电压平均值，调节不同负载率的负载，用示波器分别测量并记录输出电压纹波有效值和输出电压平均值，计算纹波系数；调节不同输出电压，重复上述操作
注意事项	1）示波器带宽20MHz，取样模式 2）为减小探头地线引入的干扰，可采用去掉地线夹的地线环测试 3）纹波波形尽量占满屏的2/3左右，不开机底噪最好≤1/3限值 4）通信电源纹波测试时不并联10μF电解电容和0.1μF无极性电容 5）其他板上电源纹波测试时并联10μF电解电容和0.1μF无极性电容

2.2.17 电话衡重杂音电压测试

电话衡重杂音电压测试见表2-37。

表2-37 电话衡重杂音电压测试

指标定义	被测开关电源输出电话衡重杂音电压大小，要求≤2mV。由于人耳及耳机对各种频率的响应不同，将25Hz~5kHz频段中各种频率的杂音电压等效为800Hz的电压值后，取其方均根值，电话衡重杂音电压又称电话加权杂音电压，影响通信中的通话质量
指标来源	YD/T731、TB/T2993
所需设备	输入源、阻性负载、高低频杂音计、电流表
测试条件	依据规格书所规定的输出电压和输出负载要求
测试框图	

（续）

测试方法	设置电源为额定输入、额定输出、满载工作，测量并记录输出电压的电话衡重杂音电压，调节不同负载率的负载（德国电信要求以 1A 为步长全负载范围），分别测量并记录输出电压的电话衡重杂音电压；调节不同输出电压，重复上述操作，判断测试结果是否满足要求
注意事项	1）适用于通信用开关电源 2）每次测试前必须对高低频杂音计电话衡重档位进行调零和校准 3）为了测试结果的可复现性，推荐负载使用纯阻性负载

2.2.18　宽频杂音电压测试

宽频杂音电压测试见表 2-38。

表 2-38　宽频杂音电压测试

指标定义	被测开关电源输出宽频杂音电压大小。宽频 II 杂音电压（3.4～150kHz）要求 ≤50mV、宽频 III 杂音电压（0.15～30MHz）要求 ≤20mV 或 ≤15mV
指标来源	YD/T731、TB/T2993
所需设备	输入源、阻性负载、高低频杂音计、电流表
测试条件	依据规格书所规定的输出电压和输出负载要求
测试框图	
测试方法	设置电源为额定输入、额定输出、满载工作，用高低频杂音计测量并记录输出电压的宽频 II 杂音电压和宽频 III 杂音电压，调节不同负载率的负载，分别测量并记录输出电压的宽频 II 杂音电压和宽频 III 杂音电压；调节不同输出电压，重复上述操作，判断测试结果是否满足要求
注意事项	1）适用于通信用开关电源 2）每次测试前必须对高低频杂音计的宽频档位进行调零和校准 3）为了测试结果的可复现性，推荐负载使用纯阻性负载

2.2.19　离散杂音电压测试

离散杂音电压测试见表 2-39。

表 2-39　离散杂音电压测试

指标定义	被测开关电源输出离散杂音电压大小。离散 I 杂音电压（3.4～150kHz）要求 ≤5mV、离散 II 杂音电压（150～200kHz）要求 ≤3mV、离散 III 杂音电压（200～500kHz）要求 ≤2mV 和离散 IV 杂音电压（0.5～30MHz）要求 ≤1mV
指标来源	YD/T731、TB/T2993
所需设备	输入源、阻性负载、选频电平表、电流表

（续）

测试条件	依据规格书所规定的输出电压和输出负载要求
测试框图	
测试方法	设置电源为额定输入额定输出满载工作，测量并记录输出电压在 3.4 ~ 150kHz、150 ~ 200kHz、200 ~ 500kHz 和 0.5 ~ 30MHz 段的离散杂音电压，调节不同负载率的负载，分别测量并把输出离散杂音电压电平值换算成输出离散杂音电压的电压值，如下式所示；调节不同输出电压，重复上述操作，判断测试结果是否满足要求 $$mV = 775 \times 10^{\frac{dB}{20}}$$ 式中，dB 为选频电平表读数的电平值，是负值；mV 为杂音电压的电压值
注意事项	1）适用于通信用开关电源 2）测试回路需串接一只 0.1μF 无极性隔直电容 3）为了测试结果的可复现性，推荐负载使用纯阻性负载

2.2.20 输出纹波电流测试

输出纹波电流测试见表2-40。

表2-40 输出纹波电流测试

指标定义	被测开关电源输出电流峰峰值大小。开关电源的输出电流并不是真正恒定的，输出存在着周期性的抖动，这些抖动看上去就和水纹一样，称为电流纹波
指标来源	行业标准、产品需求规格书
所需设备	输入源、阻性负载、示波器
测试条件	依据规格书所规定的输出电压和输出负载要求
测试框图	
测试方法	设置电源为额定输入、额定输出、满载工作，测量并记录输出纹波电流峰值，调节不同负载率，用示波器分别测量并记录输出纹波电流峰峰值；调节不同输出电压，重复上述操作
注意事项	1）示波器带宽20MHz，取样模式，扫描速率应低于500ms 2）纹波电流波形尽量占满屏的2/3 左右 3）对纹波电流频率有要求的，按频率范围要求进行测量

2.2.21 输出电压上升时间测试

输出电压上升时间测试见表 2-41。

表 2-41 输出电压上升时间测试

指标定义	被测开关电源启动过程中输出电压从 10% 整定值上升至 90% 整定值所用时间 输出电压上升时间定义如下图所示: 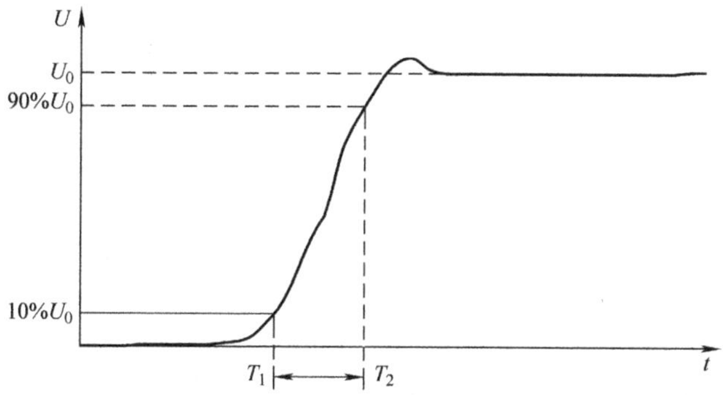
指标来源	行业标准、产品需求规格书
所需设备	输入源、负载、示波器
测试条件	依据规格书所规定的输出电压和输出负载要求
测试框图	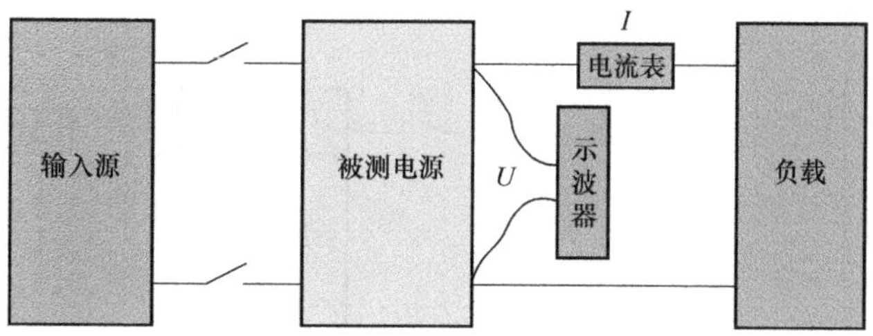
测试方法	设置电源为额定输入额定输出满载工作,启动电源输入,测量并记录输出电压从 10% 上升至 90% 整定值的时间;调节输入电压、输出电压和输出负载,重复上述操作

2.2.22 输出电压下降时间测试

输出电压下降时间测试见表2-42。

表2-42 输出电压下降时间测试

指标定义	被测开关电源在输入断开时输出电压从90%稳态值下降至10%稳态值之间时间的大小 输出电压下降时间定义如下图所示： 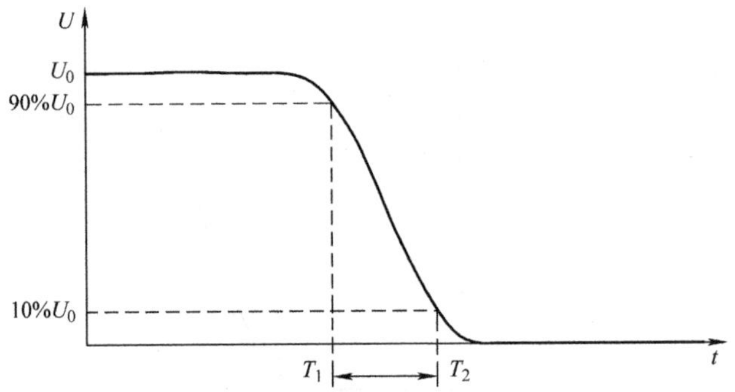
指标来源	行业标准、产品需求规格书
所需设备	输入源、负载、示波器、电流表
测试条件	依据规格书所规定的输出电压和输出负载要求，默认按额定输入电压、额定输出电压、满载测试
测试框图	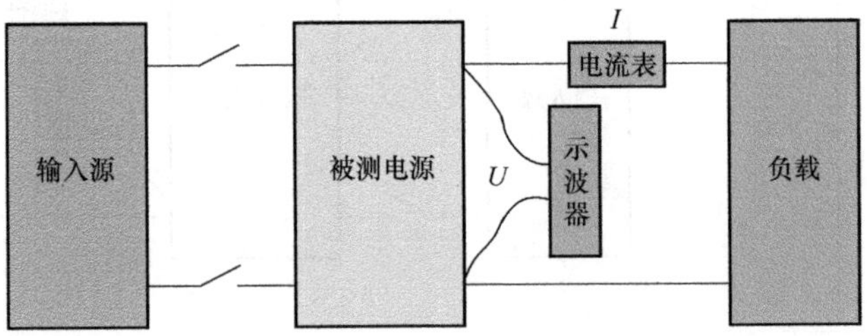
测试方法	设置电源为额定输入、额定输出、满载工作，关闭电源输入，测量并记录输出电压从90%下降至10%整定值的时间；调节输入电压、输出电压和输出负载，重复上述操作

2.2.23　输出电压保持时间测试

输出电压保持时间测试见表 2-43。

表 2-43　输出电压保持时间测试

指标定义	被测开关电源从输入断电到输出电压下降到 90% 稳态值之间时间的大小，又称输入掉电输出延时时间，在一些因断电需要短时紧急保存等处理的设备，对开关电源有这个指标要求，一般不小于 10ms 输出电压保持时间定义如下图所示： 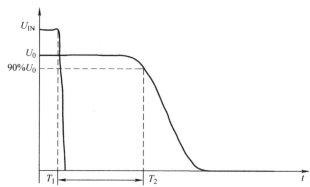
指标来源	行业标准、产品需求规格书
所需设备	输入源、负载、示波器
测试条件	依据规格书所规定的输出电压和输出负载要求，默认按额定输入电压、额定输出电压、满载测试
测试框图	 　输入源　　　　　被测电源　示波器　　负载
测试方法	设置并启动电源为额定输入、额定输出、满载工作，断开电源输入，测量并记录从交流断开至输出电压下降到 90% 整定值的时间；调节输入电压、输出电压和输出负载，重复上述操作，判断测试结果是否满足要求
注意事项	若输入为交流输入类型的开关电源，在交流输入电压的 0° 相位、90° 相位和 270° 相位分别进行断电保持时间测试

2.2.24 输出电压电流特性测试

输出电压电流特性测试见表2-44。

表2-44 输出电压电流特性测试

指标定义	被测开关电源输出电压和输出电流的关系
指标来源	行业标准、产品需求规格书
所需设备	输入源、负载、电压表、电流表
测试条件	依据规格书所规定的输出电压和输出负载要求，默认按额定输入电压最高输出电压测试
测试框图	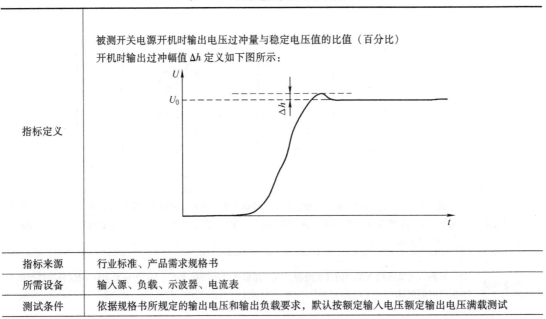
测试方法	设置并启动电源为额定输入最高输出电压空载工作，逐渐增加负载，直至电源输出电压为0或关机保护，测量并记录各个阶段的输出电压和电流值，绘制开关电源的输出电压电流关系曲线，判断测试结果是否符合行业或产品设计要求
注意事项	电子负载建议恒阻模式，调节步长根据产品实际情况调整

2.2.25 开机输出电压过冲测试

开机输出电压过冲测试见表2-45。

表2-45 开机输出电压过冲测试

指标定义	被测开关电源开机时输出电压过冲量与稳定电压值的比值（百分比） 开机时输出过冲幅值 Δh 定义如下图所示：
指标来源	行业标准、产品需求规格书
所需设备	输入源、负载、示波器、电流表
测试条件	依据规格书所规定的输出电压和输出负载要求，默认按额定输入电压额定输出电压满载测试

（续）

测试框图	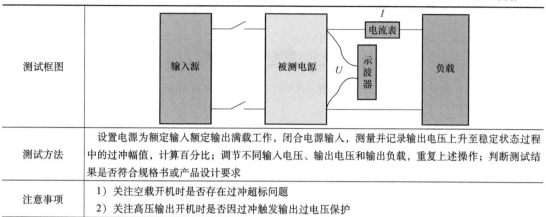
测试方法	设置电源为额定输入额定输出满载工作，闭合电源输入，测量并记录输出电压上升至稳定状态过程中的过冲幅值，计算百分比；调节不同输入电压、输出电压和输出负载，重复上述操作；判断测试结果是否符合规格书或产品设计要求
注意事项	1）关注空载开机时是否存在过冲超标问题 2）关注高压输出开机时是否因过冲触发输出过电压保护

2.2.26　关机输出电压过冲测试

　　关机输出电压过冲测试见表 2-46。

表 2-46　关机输出电压过冲测试

指标定义	被测开关电源关机时输出电压过冲量与稳定电压值的比值（百分比） 关机时输出过冲幅值 Δh 定义如下图所示： 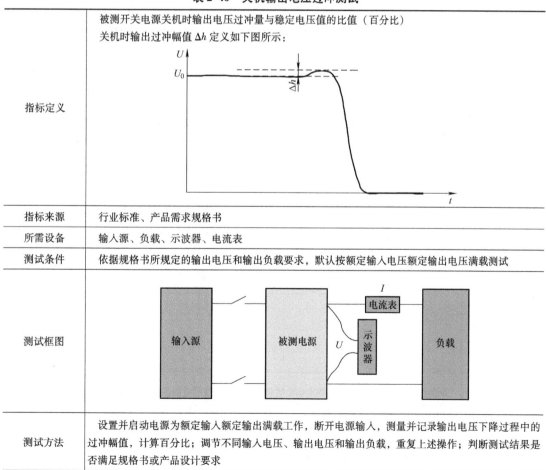
指标来源	行业标准、产品需求规格书
所需设备	输入源、负载、示波器、电流表
测试条件	依据规格书所规定的输出电压和输出负载要求，默认按额定输入电压额定输出电压满载测试
测试框图	
测试方法	设置并启动电源为额定输入额定输出满载工作，断开电源输入，测量并记录输出电压下降过程中的过冲幅值，计算百分比；调节不同输入电压、输出电压和输出负载，重复上述操作；判断测试结果是否满足规格书或产品设计要求

2.2.27 输出电压时序测试

输出电压时序测试见表2-47。

表2-47 输出电压时序测试

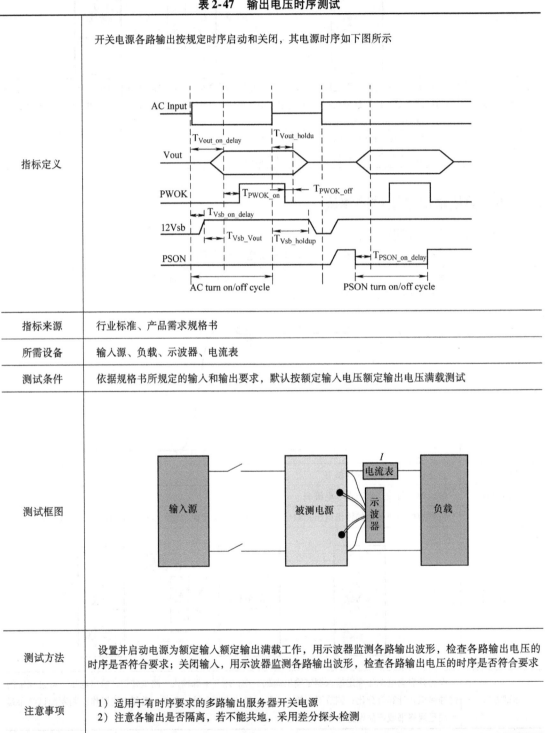

指标定义	开关电源各路输出按规定时序启动和关闭，其电源时序如下图所示
指标来源	行业标准、产品需求规格书
所需设备	输入源、负载、示波器、电流表
测试条件	依据规格书所规定的输入和输出要求，默认按额定输入电压额定输出电压满载测试
测试框图	
测试方法	设置并启动电源为额定输入额定输出满载工作，用示波器监测各路输出波形，检查各路输出电压的时序是否符合要求；关闭输入，用示波器监测各路输出波形，检查各路输出电压的时序是否符合要求
注意事项	1）适用于有时序要求的多路输出服务器开关电源 2）注意各输出是否隔离，若不能共地，采用差分探头检测

2.2.28 额定并网电压测试

额定并网电压测试见表2-48。

表2-48 额定并网电压测试

指标定义	被测开关电源并网时的额定并网电压
指标来源	行业标准、产品需求规格书
所需设备	输入源、功率分析仪、电网模拟器、电流表
测试条件	依据规格书所规定的输入和输出要求,默认按额定输入电压额定输入功率测试
测试框图	
测试方法	设置额定输入电压额定输入功率,启动电源并网工作,调节电网模拟器电压为额定并网电压,观察并记录电源工作状态
注意事项	1)适用于输出为交流且可并网的开关电源 2)具有输出功率可调节的开关电源按额定输出功率设置

2.2.29 并网电压范围测试

并网电压范围测试见表2-49。

表2-49 并网电压范围测试

指标定义	被测开关电源并网时的电压适应范围
指标来源	行业标准、产品需求规格书
所需设备	输入源、功率分析仪、电网模拟器、电流表
测试条件	依据规格书所规定的输入和输出要求
测试框图	
测试方法	设置输入源额定输入电压额定输入功率,设定电网模拟器电压为额定并网电压,启动电源并网工作;缓慢调高电网模拟器电压至电源保护或不能正常工作,观察并记录电源保护前的电网模拟器并网电压值和并网功率;缓慢调低电网模拟器电压至电源恢复正常工作,观察并记录电源恢复时的电网模拟器并网电压值;缓慢调低电网模拟器电压至电源保护或不能正常工作,记录电源保护前并网电压值和并网功率;缓慢调高电网模拟器电压至电源恢复正常工作,记录电源恢复时的并网电压值
注意事项	1)适用于输出为交流且可并网的开关电源 2)具有输出功率可调节的开关电源按额定输出功率设置

2.2.30 额定并网电流测试

额定并网电流测试见表2-50。

表2-50 额定并网电流测试

指标定义	被测开关电源并网时的额定并网电流
指标来源	行业标准、产品需求规格书
所需设备	输入源、功率分析仪、电网模拟器、电流表
测试条件	依据规格书所规定的输入和输出要求
测试框图	
测试方法	设置额定输入电压额定输入功率，启动电源并网工作。调节输入源输出功率至并网电流为额定并网电流，观察并记录电源工作状态
注意事项	1）适用于输出为交流且可并网的开关电源 2）具有输出功率可调节的开关电源按额定输出功率设置

2.2.31 最大并网电流测试

最大并网电流测试见表2-51。

表2-51 最大并网电流测试

指标定义	被测开关电源并网时的最大并网电流
指标来源	行业标准、产品需求规格书
所需设备	输入源、功率分析仪、电网模拟器、电流表
测试条件	依据规格书所规定的输入电压和最大负载要求测试
测试框图	
测试方法	设置额定输入电压额定输入功率，启动电源并网工作；调节电网模拟器电压为电源最大负载最低并网电压，调节输入源输入电流或输入功率，直到并网电流达最大值，测量并记录最大并网电流值
注意事项	1）适用于输出为交流且可并网的开关电源 2）具有输出功率可调节的开关电源按最大输出功率或电流设置

2.2.32　额定并网频率测试

额定并网频率测试见表 2-52。

表 2-52　额定并网频率测试

指标定义	被测开关电源并网时的额定并网频率
指标来源	行业标准、产品需求规格书
所需设备	输入源、功率分析仪、电网模拟器、电流表
测试条件	依据规格书所规定的输出频率和负载要求测试
测试框图	
测试方法	设置输入源额定输入电压、额定输入功率。调节电网模拟器为额定频率，启动电源并网工作，观察并记录电源工作状态
注意事项	1）适用于输出为交流且可并网的开关电源 2）具有输出功率可调节的开关电源，按照额定输出功率设置

2.2.33　并网频率范围测试

并网频率范围测试见表 2-53。

表 2-53　并网频率范围测试

指标定义	被测开关电源并网时的频率适应性能力
指标来源	行业标准、产品需求规格书
所需设备	输入源、功率分析仪、电网模拟器、电流
测试条件	依据规格书所规定的输出频率范围和负载要求测试，默认按额定输入电压额定输出满载测试
测试框图	
测试方法	设置输入源额定输入电压额定输入功率，调节电网模拟器为额定频率，启动电源并网工作；缓慢调高电网模拟器并网频率至电源关机保护，测量并记录保护前的并网频率和并网功率；缓慢调低电网模拟器并网频率，观察电源能否恢复正常工作，测量并记录恢复时的并网频率；缓慢调低电网模拟器并网频率至电源关机保护，测量并记录保护前的并网频率和并网功率；缓慢调高电网模拟器并网频率，观察电源能否恢复正常工作，测量并记录恢复时的并网频率
注意事项	1）适用于输出为交流且可并网的开关电源 2）具有输出功率可调节的开关电源，按照额定输出功率设置

2.2.34　并网功率因数测试

并网功率因数测试见表2-54。

表2-54　并网功率因数测试

指标定义	被测开关电源并网时的功率因数特性
指标来源	行业标准、产品需求规格书
所需设备	输入源、功率分析仪、电网模拟器、电流表
测试条件	依据规格书所规定的输出电压范围和负载要求测试，默认按额定输入电压额定功率测试
测试框图	
测试方法	设置额定输入电压额定输入功率，启动开关电源并网工作；用功率分析仪测量并记录电源并网功率因数；调节不同输入功率，测量并记录开关电源并网功率因数
注意事项	1）适用于输出为交流且可并网的开关电源 2）具有输出功率可调节的开关电源，按照输出功率设置

2.2.35　并网总谐波电流测试

并网总谐波电流测试见表2-55。

表2-55　并网总谐波电流测试

指标定义	被测开关电源并网时的总谐波电流特性
指标来源	行业标准、产品需求规格书
所需设备	输入源、功率分析仪、电网模拟器、电流表
测试条件	依据规格书所规定的输出电压范围和负载要求测试，默认按额定输入电压额定功率测试
测试框图	
测试方法	设置额定输入电压、额定输入功率，启动电源并网工作；用功率分析仪测量并记录电源并网总谐波电流；调节不同输入功率，测量并记录开关电源并网总谐波电流
注意事项	1）适用于输出为交流且可并网的开关电源 2）要求电网模拟器交流电压畸变率≤1.5% 3）具有输出功率可调节的开关电源，按照输出功率设置

2.3 整机技术指标测试

2.3.1 整机效率测试

整机效率测试见表2-56。

表 2-56 整机效率测试

指标定义	被测开关电源输入输出的能量转换效率
指标来源	行业标准、产品需求规格书
所需设备	输入源、功率分析仪、负载、电压表、电流表
测试条件	依据规格书所规定的输入电压、输出电压和输出负载要求，默认按额定输入电压额定输出电压满载测试
测试框图	
测试方法	设置并启动电源额定输入额定输出满负载工作拷机至稳定，测量并记录电源输出电压、输出电流、输入有功功率；调节其他不同负载率，测量并记录电源输出电压、输出电流、输入有功功率；按下式计算效率，并标示出电源的满载效率和峰值效率 $$\eta = \frac{U_{\mathrm{o}} I_{\mathrm{o}}}{P_{\mathrm{in}}} \times 100\%$$ 式中，η 为整机效率；U_{o} 为输出电压值；I_{o} 为输出电流值；P_{in} 为输入有功功率值
注意事项	1）输入输出电压检测点尽量靠近开关电源端口 2）直流电流推荐使用不低于0.2级合适量程的分流器配合毫伏表或合适量程及精度的霍尔互感器测量

2.3.2 整机能效测试

整机能效测试见表2-57。

表 2-57 整机能效测试

指标定义	被测开关电源效率能效值 CEC/美国EPA/澳大利亚及新西兰的外接电源Ⅳ级标贴分为以下等级，具体效率规格如下： 1）$P_0 < 1\mathrm{W}$，平均效率值$\geqslant 0.5 P_0$ 2）$1 \leqslant P_0 \leqslant 51\mathrm{W}$，平均效率值$\geqslant 0.09 L_{\mathrm{n}}(P_0) + 0.5$ 3）$P_0 > 51\mathrm{W}$，平均效率值$\geqslant 0.85$ 4）输入空载功率的规格是：$0 < P_0 \leqslant 250\mathrm{W}$，$P_{\mathrm{in}} \leqslant 0.5\mathrm{W}$ 其中，P_0 为铭牌标示的额定输出电压与额定输出电流的乘积 实际测试的平均效率值和输入空载功率值需同时满足才符合标准要求
指标来源	行业标准、产品需求规格书
所需设备	输入源、功率分析仪、负载、电压表、电流表
测试条件	1）输入为115Vac/60Hz、230Vac/50Hz与220Vac/50Hz/60Hz条件 2）输出为空载、1/4最大载、2/4最大载、3/4最大载、最大载五种条件

（续）

测试框图	输入源 → 功率分析仪 → 被测电源 → 电流表 I / 电压表 U → 负载
测试方法	设置并启动电源额定输入额定输出满负载工作拷机至稳定，按负载由大到小顺序分别记录115V/60Hz与230V/50Hz输入时的输入功率（P_{in}），输出电流（I_o），输出电压（U_o），功率因数（PF），然后计算各条件负载的效率；在空载时仅需记录输入功率（P_{in}）；计算115V/60Hz与230V/50Hz时的四种负载的平均效率，该值为能效的效率值
注意事项	1）输入输出电压检测点尽量靠近开关电源端口 2）直流电流推荐使用不低于0.2级合适量程的分流器配合毫伏表或合适量程及精度的霍尔互感器测量

2.3.3 加权效率测试

加权效率测试见表2-58。

表2-58 加权效率测试

指标定义	被测开关电源按不同负载率权重计算的转换效率
指标来源	行业标准、产品需求规格书
所需设备	输入源、功率分析仪、负载、电压表、电流表
测试条件	依据规格书所规定的输入电压、输出电压和输出负载要求，默认按额定输入电压额定输出电压测试
测试框图	输入源 → 功率分析仪 → 被测电源 → 电流表 I / 电压表 U → 负载
测试方法	设置并启动电源额定输入额定输出满负载工作拷机至稳定，测量并记录电源输出电压、输出电流、输入有功功率；调节其他权重负载率，测量并记录电源输出电压、输出电流、输入有功功率；计算效率如下式所示： $$\eta = \frac{U_o \times I_o}{P_{in}} \times 100\%$$ 式中，η 为效率；U_o 为输出电压值；I_o 为输出电流值；P_{in} 为输入有功功率值 按负载率权重计算加权效率如下式所示： $$\eta_{加权} = \eta_1 \times A_1 + \cdots + \eta_n \times A_n$$ 式中，$\eta_{加权}$ 为加权效率；$A_1 \sim A_n$ 为各负载率的效率权重系数；$\eta_1 \sim \eta_n$ 为各负载率的效率
注意事项	1）输入输出电压检测点尽量靠近开关电源端口 2）直流电流推荐使用不低于0.2级合适量程的分流器配合毫伏表或合适量程及精度的霍尔互感器测量

2.3.4　MPPT 效率测试

MPPT 效率测试见表 2-59。

表 2-59　MPPT 效率测试

指标定义	最大功率点跟踪（Maximum Power Point Tracking, MPPT）效率是指开关电源能够实时侦测太阳电池板的发电电压，并追踪最高电压电流值，使电源以最高的效能进行电能变换的静态效率
指标来源	行业标准、产品需求规格书
所需设备	太阳电池模拟器、负载、电压表、电流表
测试条件	依据规格书所规定的输入和输出要求
测试框图	
测试方法	通过太阳电池模拟器设置电池板材料、开路电压、短路电流、最大功率点等太阳能电池板参数，分别导入太阳电池板 UI 曲线以及阴影遮蔽下的光伏阵列输出，调节输出负载，根据输出电压和输出电流计算实际输出功率，MPPT 静态效率计算如下式所示： $$\eta_{MPPT} = \frac{P_o}{P_{UI}} \times 100\%$$ 式中，η_{MPPT} 为 MPPT 静态效率；P_o 为实际输出功率；P_{UI} 为太阳电池板 UI 曲线输入功率
注意事项	适用于具有或兼容太阳能电池板输入的开关电源

2.3.5　源效应测试

源效应测试见表 2-60。

表 2-60　源效应测试

指标定义	被测开关电源输入电压变化对输出电压的影响，也称输入调整率
指标来源	行业标准、产品需求规格书
所需设备	输入源、功率分析仪、负载、电压表、电流表
测试条件	依据规格书所规定的输入电压和输出要求
测试框图	
测试方法	设置电源为额定输入、额定输出、50% 负载工作，测量并记录输出电压值 V_o，调节输入电压下限或标称输入电压下限，测量并记录输出电压值 V_{b1}，调节输入电压上限或标称输入电压上限，测量并记录输出电压值 V_{b2}，计算源效应，如下式所示，取最大值；调节其他负载条件，按上述方法测试 $$\frac{|V_{b1}(V_{b2}) - V_o|}{V_o} \times 100\%$$ 式中，V_o 为额定输入时的输出电压值；V_{b1} 输入电压下限或标称输入电压下限时的输出电压值；V_{b2} 输入电压上限或标称输入电压上限时的输出电压值
注意事项	对于具有输入降载设计的开关电源，需调节相应设计负载率后再开展该项测试

2.3.6 稳压精度测试

稳压精度测试见表2-61。

表2-61 稳压精度测试

指标定义	被测开关电源输入电压和输出负载变化对输出电压的影响
指标来源	行业标准、产品需求规格书
所需设备	输入源、功率分析仪、负载、电压表、电流表
测试条件	依据规格书所规定的输入电压、输出电压和输出负载要求
测试框图	
测试方法	设置电源为额定输入、额定输出、50%负载工作，测量并记录输出电压值 V_o；调节输出为5%负载或规格书要求值，调节输入电压至满载下限或标称输入电压下限，测量并记录输出电压值 V_{a1}。调节输入电压至满载上限或标称输入电压上限，测量并记录输出电压值 V_{a2}。调节输出为满载，调节输入电压至满载下限或标称输入电压下限，测量并记录输出电压值 V_{b1}；调节输入电压至满载上限或标称输入电压上限，测量并记录输出电压值 V_{b2}，计算稳压精度，如下式所示，取最大值 $$\frac{|V_{a1}(V_{a2}、V_{b1}、V_{b2}) - V_o|}{V_o} \times 100\%$$ 式中，V_o 为输出电压整定值；V_{a1} 为轻载时输入电压下限或标称输入电压下限的输出电压值；V_{a2} 为轻载时输入电压上限或标称输入电压上限的输出电压值；V_{b1} 为满载时输入电压下限或标称输入电压下限的输出电压值；V_{b2} 为满载时输入电压上限或标称输入电压上限的输出电压值
注意事项	对于具有输入降载设计的开关电源，需调节相应设计负载率后开展该项的测试

2.3.7 空载功耗测试

空载功耗测试见表2-62。

表2-62 空载功耗测试

指标定义	被测开关电源输出空载时输入功率的大小
指标来源	行业标准、产品需求规格书
所需设备	输入源、功率分析仪、电压表、电流表
测试条件	依据规格书所规定的输入和输出要求，默认按额定输入电压额定输出电压测试
测试框图	
测试方法	设置并启动电源额定输入额定输出空载工作，测量并记录电源输入有功功率值。调节不同输入电压，重复上述操作，记录各输入电压下输出空载时的输入功率大小
注意事项	输入功率读取功率分析仪的有效功率，量程要合适

2.3.8　待机功能测试

待机功能测试见表 2-63。

表 2-63　待机功能测试

指标定义	指被测开关电源的休眠功能
指标来源	行业标准、产品需求规格书
所需设备	输入源、示波器、电压表、辅助电源、电流表
测试条件	依据规格书所规定的输入电压要求，默认按额定输入电压额定输出电压满载测试
测试框图	
测试方法	设置并启动电源额定输入额定输出空载工作，输出接辅助源供电，发送待机休眠指令，测量开关电源各级电路主功率管驱动信号是否被封锁

2.3.9　待机功耗测试

待机功耗测试见表 2-64。

表 2-64　待机功耗测试

指标定义	被测开关电源在休眠状态下的功耗
指标来源	行业标准、产品需求规格书
所需设备	输入源、功率分析仪、电压表、电流表、辅助电源
测试条件	依据规格书所规定的输入电压要求，默认按额定输入电压额定输出电压测试
测试框图	
测试方法	设置并启动电源额定输入、额定输出、空载工作，输出接辅助源供电，通过前台或后台发送待机休眠指令，测量并记录电源输入功率值和输出功率值，输入功率值和输出功率值之和就是电源待机功耗
注意事项	1）待机功耗包含输入侧功耗和输出侧功耗 2）输出侧功耗是指为维持待机而需要外加电源的功耗 3）辅助源电流较小，推荐使用毫安表测量 4）输入功率读取功率分析仪的有效功率，量程要合适

2.3.10 温度系数测试

温度系数测试见表2-65。

表2-65 温度系数测试

指标定义	被测开关电源输出电压对温度变化的调节能力
指标来源	行业标准、产品需求规格书
所需设备	输入源、电压表、电流表、高低温试验箱、负载
测试条件	依据规格书所规定的输入和输出要求
测试框图	
测试方法	将电源置于高低温试验箱中，设定电源额定输入、额定输出、满载工作，设定试验箱温度为 $(20 \pm 1)℃$ 或规定的基板温度，工作稳定后测量并记录输出电压值 V_{t0}；调节试验箱温度为满载工作温度下限（温度变化率1℃/min），恒温工作规定试验时间至电源稳定后，测量并记录电源输出电压值 V_{t1}；调节试验箱温度为满载工作温度上限（温度变化率1℃/min），恒温工作规定试验时间至电源稳定后，测量并记录电源输出电压值 V_{t2}；计算温度系数（降温），如下式所示： $$温度系数（降温）= \frac{V_{t1} - V_{t0}}{V_{t0}(t_1 - t_0)}$$ 式中，t_0 为基准温度；t_1 为试验低温温度；V_{t0} 为基准温度时的输出电压值；V_{t1} 为试验低温温度时的输出电压值 　　计算温度系数（升温），如下式所示： $$温度系数（升温）= \frac{V_{t2} - V_{t0}}{V_{t0}(t_2 - t_0)}$$ 式中，t_0 为基准温度；t_2 为试验高温温度；V_{t0} 为基准温度时的输出电压值；V_{t2} 为试验高温温度时的输出电压值 　　判断测试结果是否满足（0.02%）/℃或规格书要求

2.3.11 电压漂移测试

电压漂移测试见表2-66。

表2-66 电压漂移测试

指标定义	被测开关电源工作一段时间后输出电压的变化量
指标来源	行业标准、产品需求规格书
所需设备	输入源、电压表、电流表、负载
测试条件	依据规格书所规定的输入和输出要求

（续）

测试框图	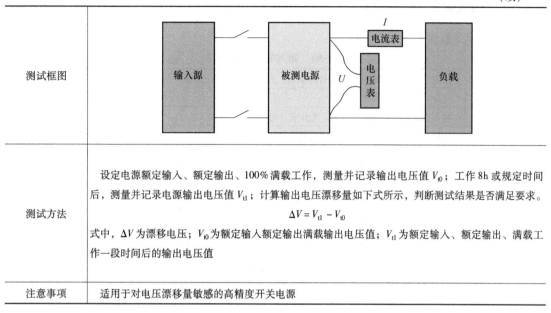
测试方法	设定电源额定输入、额定输出、100% 满载工作，测量并记录输出电压值 V_{t0}；工作 8h 或规定时间后，测量并记录电源输出电压值 V_{t1}；计算输出电压漂移量如下式所示，判断测试结果是否满足要求。 $$\Delta V = V_{t1} - V_{t0}$$ 式中，ΔV 为漂移电压；V_{t0} 为额定输入额定输出满载输出电压值；V_{t1} 为额定输入、额定输出、满载工作一段时间后的输出电压值
注意事项	适用于对电压漂移量敏感的高精度开关电源

2.3.12　输入降载测试

输入降载测试见表 2-67。

表 2-67　输入降载测试

指标定义	被测开关电源在不同输入电压下的输出功率情况
指标来源	行业标准、产品需求规格书
所需设备	输入源、负载、功率分析仪、电压表、电流表
测试条件	依据规格书所规定的输入和输出要求，默认按额定输出电压测试
测试框图	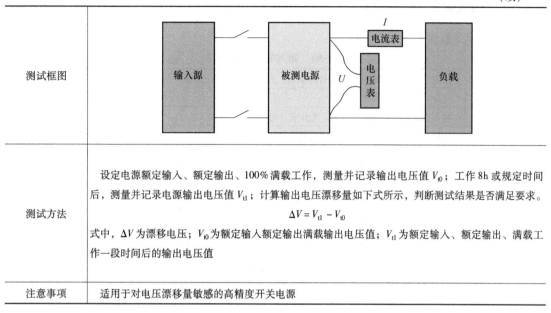
测试方法	设置电源为额定输入、额定输出、满载工作，逐渐调高输入电压直至电源不能正常工作或开始降载，记录不能工作或降载前的输入电压值；若降载工作，减载后继续测试直至电源不能工作，等间隔测量并记录输入电压、输出电流或功率；恢复电源额定输入额定输出满载工作，逐渐调低输入电压直至电源开始降载或不能正常工作，记录降载或不能工作前的输入电压值；若降载工作，减载后继续测试直至电源不能工作，等间隔测量并记录输入电压、输出电流或功率，根据测试结果绘制输入降载曲线

2.3.13 输入断相降载测试

输入断相降载测试见表2-68。

表2-68 输入断相降载测试

指标定义	被测开关电源的输入断相（俗称缺相）时输出功率变化情况
指标来源	行业标准、产品需求规格书
所需设备	输入源、功率分析仪、负载、电压表、分流器
测试条件	依据规格书所规定的输入和输出要求
测试框图	
测试方法	设置并启动电源额定输入、额定输出、满载工作，断开输入任一相，观察电源是否正常工作并降载，记录降载后的输出功率大小；闭合断开的输入相，观察电源能否恢复额定负载工作，记录工作状态
注意事项	适用于三相交流输入类型的开关电源

2.3.14 高温降载测试

高温降载测试见表2-69。

表2-69 高温降载测试

指标定义	被测开关电源在高温条件下的输出功率变化情况
指标来源	行业标准、产品需求规格书
所需设备	输入源、负载、高低温试验箱、电压表、电流表
测试条件	依据规格书所规定的输入和输出要求
测试框图	
测试方法	将电源置于高低温试验箱中，设置环境温度为25℃，启动电源为额定输入、额定输出、满载工作，待工作稳定后测量并记录电源输出电压和电流，计算输出功率；逐步调高环境温度或调整基板温度，直至电源输出功率降载，记录降载前的环境温度或基板温度，测量并记录电源输出电压和电流，计算输出功率；以2℃环境温度为步长逐步调高环境温度或基板温度，每个温度点工作稳定后测量并记录电源输出电压和电流，计算输出功率，直至电源过温关机保护；根据记录数据，绘制输出功率–环境温度或基板温度降载曲线
注意事项	采用使用降额的产品需手动调整负载大小，参照上述方法执行

2.3.15　软启动时间测试

软启动时间测试见表2-70。

表 2-70　软启动时间测试

指标定义	开关电源从输入切入至输出电压爬升到90%稳定输出的时间 输出电压软启动时间定义如下图所示： 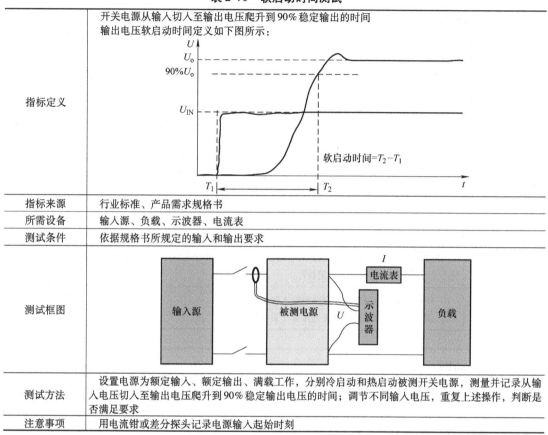
指标来源	行业标准、产品需求规格书
所需设备	输入源、负载、示波器、电流表
测试条件	依据规格书所规定的输入和输出要求
测试框图	
测试方法	设置电源为额定输入、额定输出、满载工作，分别冷启动和热启动被测开关电源，测量并记录从输入电压切入至输出电压爬升到90%稳定输出电压的时间；调节不同输入电压，重复上述操作，判断是否满足要求
注意事项	用电流钳或差分探头记录电源输入起始时刻

2.3.16　软启动特性测试

软启动特性测试见表2-71。

表 2-71　软启动特性测试

指标定义	开关电源的软启动特性
指标来源	行业标准、产品需求规格书
所需设备	输入源、负载、示波器、电流表
测试条件	依据规格书所规定的输入和输出要求
测试框图	
测试方法	设置并启动电源为额定输入、额定输出、满载工作，测量并记录从输入切入至输出电压爬升到稳定输出的电压波形；调节不同输入电压和输出负载大小，重复上述操作；判断输出电压启动波形是否存在回勾、重启等不单调异常

2.3.17 延时启动时间测试

延时启动时间测试见表2-72。

表2-72 延时启动时间测试

指标定义	开关电源根据设置延时启动时间进行延软启动的时间
指标来源	行业标准、产品需求规格书
所需设备	输入源、负载、示波器、电流表
测试条件	依据规格书所规定的输入和输出要求
测试框图	
测试方法	按规格书设置被测开关电源的延时时间，启动电源使其额定输入、额定输出、满载工作，测量并记录开关电源启动是否按延时时间执行
注意事项	1）用电流钳或差分探头记录电源输入起始时刻 2）需要配置外围电路的开关电源需配置完整

2.3.18 启动时序测试

启动时序测试见表2-73。

表2-73 启动时序测试

指标定义	指开关电源启动的工作时序
指标来源	行业标准，产品需求规格书
所需设备	输入源、负载、示波器、分流器
测试条件	依据规格书所规定的输入和输出要求
测试框图	
测试方法	用示波器检测输入电压U_{in}波形、软启动继电器动作信号、母线电压U_{bus}波形和整机输出电压U_{out}波形或其他时序信号，并置于同一显示平面内；设置并启动电源额定输入、额定输出、满载工作，用示波器抓取电源启动过程波形，判断各信号时序是否满足设计方案或规格书要求
注意事项	注意各输出是否隔离，若不能共地，采用差分探头检测

2.3.19　关机时序测试

关机时序测试见表 2-74。

表 2-74　关机时序测试

指标定义	开关电源关机的工作时序
指标来源	行业标准、产品需求规格书
所需设备	输入源、负载、示波器、分流器
测试条件	依据规格书所规定的输入和输出要求
测试框图	
测试方法	用示波器检测输入电压 U_{in} 波形、软启动继电器动作信号、母线电压 U_{bus} 波形和整机输出电压波形或其他时序信号，并置于同一显示平面内；设置并启动电源额定输入、额定输出、满载工作，然后关闭输入，用示波器抓取电源关机过程波形，判断各信号时序是否满足设计方案或规格书要求
注意事项	注意各输出是否隔离，若不能共地，采用差分探头检测

2.3.20　告警时序测试

告警时序测试见表 2-75。

表 2-75　告警时序测试

指标定义	开关电源告警发生的时序要求
指标来源	行业标准、产品需求规格书
所需设备	输入源、负载、示波器、分流器
测试条件	依据规格书所规定的输入和输出要求
测试框图	
测试方法	设置并启动电源额定输入、输出满载工作，人为制造故障场景，如输入端停电，用示波器抓取 A1 和 A2 告警信号波形，判断告警信号发生先后顺序及时间间隔是否满足设计方案或规格书要求
注意事项	注意各输出是否隔离，若不能共地，采用差分探头检测

2.3.21 均流不平衡度测试

均流不平衡度测试见表2-76。

表 2-76 均流不平衡度测试

指标定义	开关电源并机工作的均分电流不平衡程度
指标来源	YDT731、行业标准、产品需求规格书
所需设备	输入源、电源系统、负载、示波器、分流器
测试条件	依据规格书所规定的输入和输出要求
测试框图	
测试方法	设置并启动电源额定输入、额定输出，nI_o 负载工作，工作稳定后测量并记录负载总电流 ΣI_i 和各电源输出电流 I_i。调节不同负载率，重复上述测试；各种负载率下分别计算均流不平衡度如下式所示，取最大值 $$\frac{I_i - \dfrac{\sum I_i}{n}}{I_o} \times 100\%$$ 式中，I_o 为电源的额定输出电流；I_i 为第 i 个电源的输出电流；n 为并联电源数量
注意事项	1）适用于可并机工作的开关电源，并机数量按最大或推荐配置执行 2）推荐增加其他条件的均流验证测试，如在母线加120%母线最大设计电压值、负载变化过程中和变化后的均流、插拔模块后的均流（适用于可插拔型模块）、各模块输出电压校偏均流等 3）具有输入均流设计的开关电源按上述方法执行

2.3.22 并机启动测试

并机启动测试见表2-77。

表 2-77 并机启动测试

指标定义	开关电源并机满载启动的能力
指标来源	行业标准、产品需求规格书
所需设备	输入源、电源系统、负载、示波器、分流器
测试条件	依据规格书所规定的输入和输出要求

（续）

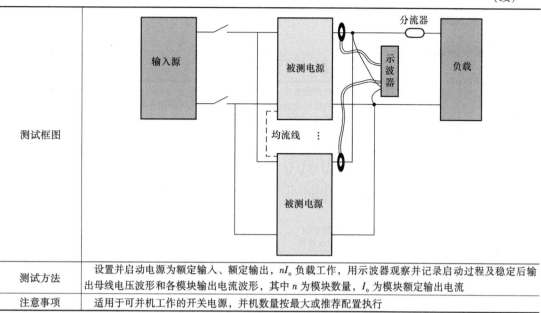

测试方法	设置并启动电源为额定输入、额定输出，nI_o 负载工作，用示波器观察并记录启动过程及稳定后输出母线电压波形和各模块输出电流波形，其中 n 为模块数量，I_o 为模块额定输出电流
注意事项	适用于可并机工作的开关电源，并机数量按最大或推荐配置执行

2.3.23　热插拔测试

热插拔测试见表 2-78。

表 2-78　热插拔测试

指标定义	被测开关电源的热插拔特性
指标来源	行业标准、产品需求规格书
所需设备	输入源、电源系统、负载、示波器、分流器
测试条件	开关电源所规定的输入和输出条件
测试框图	
测试方法	设置并启动电源系统额定输入、额定输出、满载工作，在电源系统中以不同速率插入另一个电源模块，观察该模块工作状态及是否有拉弧、打火和响声；稳定工作后拔出该电源模块，观察模块状态及是否有打火或拉弧现象；因插拔引起的母线电压波动应在电压允许的变化范围内，并记录插拔过程是否顺利，插拔操作是否符合人机工程要求；重复插拔操作多次后，观察电源模块的接插件是否有熔融、碳化等现象
注意事项	适用于具有热插拔功能的开关电源

2.3.24 高频啸叫测试

高频啸叫测试见表2-79。

表2-79 高频啸叫测试

指标定义	被测开关电源产生高频啸叫声的大小 高频啸叫产生于开关电流的频率接近或落入音频范围，或周期性方波群的周期频率接近或落入音频范围。周期性电流经过电感线圈，产生交变磁场，在交变磁场作用下产生振动而发出声音，又称为线圈噪声。功率电感器啸叫机制如下图所示 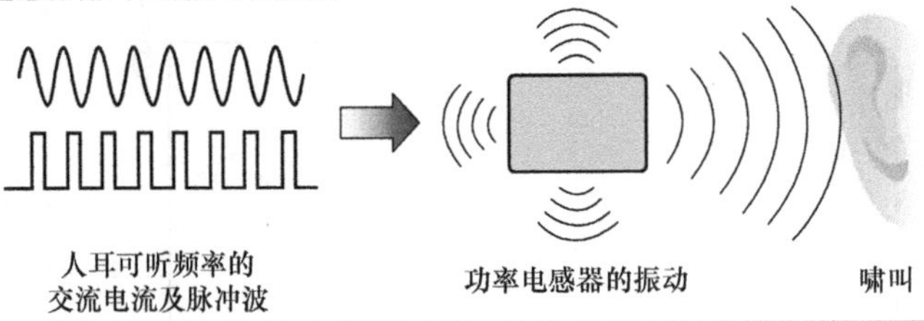 人耳可听频率的交流电流及脉冲波　　功率电感器的振动　　啸叫
指标来源	无
所需设备	输入源、静音负载
测试条件	依据规格书所规定的输入和输出要求
测试框图	 输入源　　被测电源　　静音负载
测试方法	设置并启动开关电源额定输入、额定输出工作，调节电源进行全工况遍历测试，用人耳听闻是否存在高频啸叫声
注意事项	关注开关电源高压输入、大电流输入等工作条件和工作模式切换、间歇工作、调频调幅、照明调光等工作状态变化的工况

2.3.25 声压级噪声测试

声压级噪声测试见表2-80。

表2-80 声压级噪声测试

指标定义	电源产生声压级噪声的大小 人耳可闻频率范围为20~20000Hz
指标来源	GB/T 3947、GB/T 4214、GB/T 3222.2
所需设备	输入源、声级计、半消音实验室（如下图所示）、静音负载 

（续）

测试条件	依据规格书所规定的输入和输出要求
测试框图	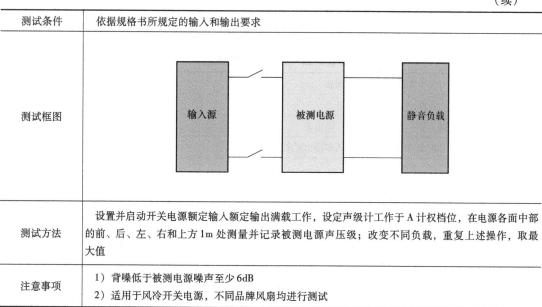
测试方法	设置并启动开关电源额定输入额定输出满载工作，设定声级计工作于 A 计权档位，在电源各面中部的前、后、左、右和上方 1m 处测量并记录被测电源声压级；改变不同负载，重复上述操作，取最大值
注意事项	1）背噪低于被测电源噪声至少 6dB 2）适用于风冷开关电源，不同品牌风扇均进行测试

2.3.26　声功率级噪声测试

声功率级噪声测试见表 2-81。

表 2-81　声功率级噪声测试

指标定义	被测开关电源产生声功率级噪声的大小，它是声压级噪声的加权
指标来源	GB/T 3947、GB/T 3768、GB/T 4214、GB/T 14367
所需设备	输入源、半消音实验室及设备、静音负载
测试条件	依据规格书所规定的输入和输出要求，默认按额定输入电压额定输出电压满载测试
测试框图	
测试方法	在符合规定要求的试验场地完成测量点布置，如"9 点法"。设置开关电源额定输入额定输出满载工作，完成各测量点声压级测量，通过配套软件加权计算出开关电源的声功率级；改变不同负载，重复上述操作，取最大值，在最大值的基础上加余量 +3dB 得出产品噪音的宣称值
注意事项	1）背噪低于被测电源噪声至少 6dB 2）适用于风冷开关电源，不同品牌风扇均进行测试

2.3.27 指示灯状态测试

指示灯状态测试见表2-82。

表2-82 指示灯状态测试

指标定义	开关电源指示灯的指示状态
指标来源	行业标准、产品需求规格书
所需设备	输入源、负载、电压表、电流表
测试条件	依据规格书所规定的输入和输出要求
测试框图	
测试方法	设置并启动电源额定输入额定输出满载工作，观察指示灯状态是否符合设计要求；人为设置电源各种工作状态和各种故障，观察指示灯状态是否符合设计要求，同时检查指示灯强度，多个指示灯时，检查是否存在串光现象

2.3.28 风流方向测试

风流方向测试见表2-83。

表2-83 风流方向测试

指标定义	开关电源风扇的风流方向
指标来源	行业标准、产品需求规格书
所需设备	输入源、负载、电压表、电流表
测试条件	依据规格书所规定的输入和输出要求
测试框图	
测试方法	设置并启动电源额定输入额定输出满载工作，观察风扇的风流方向是否符合设计要求，检查风扇装配是否具有防呆设计
注意事项	适用于风冷开关电源产品

2.3.29　风扇调速测试

风扇调速测试见表2-84。

表 2-84　风扇调速测试

指标定义	开关电源风扇的调速策略
指标来源	产品需求或设计规格书
所需设备	输入源、负载、示波器、电流表
测试条件	依据规格书所规定的输入和输出要求
测试框图	
测试方法	设置并启动电源额定输入额定输出满载工作，按风扇调速策略，调节相关参数如负载和环境温度等，检查风扇转速或占空比是否符合要求
注意事项	适用于风冷开关电源产品

2.3.30　整机尺寸测试

整机尺寸测试见表2-85。

表 2-85　整机尺寸测试

指标定义	被测开关电源的外围尺寸（宽×深×高/长×宽×高等）
指标来源	行业标准、产品需求规格书
所需设备	游标卡尺/钢卷尺
测试条件	完整样机
测试框图	无
测试方法	用游标卡尺/钢卷尺分别测量被测开关电源的各边尺寸，按要求计量单位和形式记录测试结果
注意事项	具有把手及金手指设计的开关电源，一般不把把手及金手指计入整机尺寸范围，具体以规格书规定为准

2.3.31　功率密度测试

功率密度测试见表2-86。

表2-86　功率密度测试

指标定义	被测开关电源的功率密度，以 $W/inch^3$ 或 W/cm^3 为单位计
指标来源	行业标准、产品需求规格书
所需设备	输入源、负载、电压表、电流表
测试条件	额定输入最大功率输出
测试框图	
测试方法	使被测开关电源工作于额定输入最大功率输出状态，用电压表和电流表测量并计算电源功率密度如下式所示，按要求单位形式记录测试结果 $$\frac{U_\mathrm{o} I_\mathrm{o}}{V}$$ 式中，U_o 为电源输出电压；I_o 为电源输出电流；V 为电源体积

2.3.32　整机重量测试

整机重量测试见表2-87。

表2-87　整机重量测试

指标定义	被测开关电源的重量，以 g 或 kg 为单位计
指标来源	行业标准、产品需求规格书
所需设备	电子台秤/磅秤
测试条件	完整样机
测试方法	用电子台秤/磅秤测量被测开关电源重量，按要求单位记录

2.3.33　冷却方式测试

冷却方式测试见表2-88。

表 2-88　冷却方式测试

指标定义	被测开关电源的散热方式
指标来源	散热方式强制风冷、自然散热、基板自然散热和基板液体散热等
测试条件	完整样机
测试方法	检查被测开关电源散热设计方式并记录

2.3.34　软件升级测试

软件升级测试见表2-89。

表 2-89　软件升级测试

指标定义	被测开关电源的软件升级功能
指标来源	行业标准、产品需求规格书
所需设备	输入源、负载、烧录工具、电压表、电流表
测试条件	开关电源所规定的输入和输出条件
测试框图	
测试方法	设置并启动电源额定输入额定输出满载工作，通过升级工具升级电源软件，观察升级过程及升级后的工作状态，记录升级时间，查看升级是否正确；还原源程序，观察还原过程及还原后的工作状态，记录还原时间。重复升级 N 次，判断测试结果是否满足规格书要求；此外，还要对异常状况进行软件升级验证测试，如升级中断电，升级中断开通信连接，升级错误程序等，记录测试结果
注意事项	适用于具有软件升级功能的开关电源

2.3.35　在线软件升级测试

在线软件升级测试见表2-90。

表 2-90　在线软件升级测试

指标定义	被测开关电源系统在正常运行中的软件升级功能
指标来源	行业标准、产品需求规格书
所需设备	输入源、电源系统、负载、烧录工具、电压表、电流表
测试条件	被测开关电源所规定的输入和输出条件

(续)

测试框图	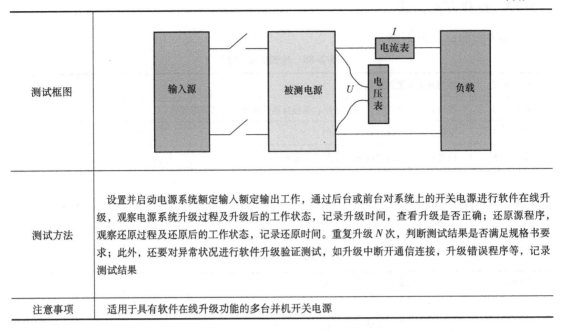
测试方法	设置并启动电源系统额定输入额定输出工作，通过后台或前台对系统上的开关电源进行软件在线升级，观察电源系统升级过程及升级后的工作状态，记录升级时间，查看升级是否正确；还原源程序，观察还原过程及还原后的工作状态，记录还原时间。重复升级 N 次，判断测试结果是否满足规格书要求；此外，还要对异常状况进行软件升级验证测试，如升级中断开通信连接，升级错误程序等，记录测试结果
注意事项	适用于具有软件在线升级功能的多台并机开关电源

2.3.36　高压空载测试

高压空载测试见表2-91。

表2-91　高压空载测试

指标定义	被测开关电源在高压输入、空载输出的工作状况 尤其对使用软开关技术的开关电源，在空载情况下，因工作于硬开关或极限高频开关状态，内部半导体功率器件的损耗相应会增大
指标来源	行业标准、产品需求规格书
所需设备	输入源、电压表、电流表
测试条件	依据规格书所规定的最大输入电压、输出空载
测试框图	输入源　电压表 U　被测电源　电流表　负载
测试方法	使被测电源工作于最高输入、额定输出空载工作状态，持续试验 N 小时，观察并记录电源工作状况，电源不应出现损坏
注意事项	适用于高压输入空载输出时工作在高开关频率或硬开关的开关电源

2.3.37　低压限流测试

低压限流测试见表2-92。

表 2-92　低压限流测试

指标定义	被测开关电源在低压输入、限流输出的工作状况 低压满载运行是测试模块在最大输入电流时电源的损耗情况，通常状态下，模块在低压输入、满载输出时效率最低，此时电源的发热最为严重
指标来源	行业标准、产品需求规格书
所需设备	输入源、负载、电压表、电流表
测试条件	依据规格书所规定的输入和输出要求
测试框图	
测试方法	使被测电源工作于最低输入、额定输出限流工作状态，持续试验 N 小时，观察并记录电源工作状况，电源不应出现损坏
注意事项	若开关电源具有降载设计，降载前的工况需要测试

2.4　保护技术指标测试

2.4.1　输入过电压保护测试

输入过电压保护测试见表2-93。

表 2-93　输入过电压保护测试

指标定义	被测开关电源对输入电压高时的保护及恢复特性
指标来源	行业标准、产品需求规格书
所需设备	输入源、负载、电压表、电流表
测试条件	依据规格书所规定的输入和输出要求
测试框图	
测试方法	使被测电源额定输入额定输出满载状态，逐渐调高输入电压至工作电压上限，若具有降载设计进行降载处理后再调高输入电压至被测电源过电压保护，记录电压保护电压值，通过后台或前台查看开关电源是否上报相应告警，检查指示灯状态；逐渐调低输入电压至被测开关电源恢复工作，记录恢复工作时的输入电压值，计算输入电压恢复回差，并通过后台或前台查看开关电源相应告警是否消失，检查指示灯状态；调节负载为空载，重复上述操作，以验证负载大小对输入过电压保护检测点的影响
注意事项	一般开关电源设计有软启动功能，在恢复工作调节中要缓慢，要注意软启动过程对该项目恢复点测试结果的影响

2.4.2 输入欠电压保护测试

输入欠电压保护测试见表2-94。

表2-94 输入欠电压保护测试

指标定义	被测开关电源对输入电压低时的保护及恢复特性
指标来源	行业标准、产品需求规格书
所需设备	输入源、负载、电压表、电流表
测试条件	依据规格书所规定的输入和输出要求
测试框图	
测试方法	使被测电源额定输入额定输出满载状态,逐渐调低输入电压至工作电压上限,若具有降载设计进行降载处理后再调低输入电压至被测电源欠电压保护,记录欠电压保护电压值,通过后台或前台查看开关电源是否上报相应告警,检查指示灯状态;逐渐调高输入电压至被测开关电源恢复工作,记录恢复工作时的输入电压值,计算输入电压恢复回差,并通过后台或前台查看开关电源相应告警是否消失,检查指示灯状态;调节负载为空载重复上述操作,以验证负载大小对输入欠电压保护检测点的影响
注意事项	一般开关电源设计有软启动,在恢复工作调节中要缓慢,要注意软启动过程对该项目恢复点测试的影响

2.4.3 输入掉电告警测试

输入掉电告警测试见表2-95。

表2-95 输入掉电告警测试

指标定义	被测开关电源对输入掉电的告警功能
指标来源	行业标准、产品需求规格书
所需设备	输入源、电池、电压表、电流表
测试条件	依据规格书所规定的输入和输出要求
测试框图	
测试方法	使被测电源额定输入额定输出满载状态,断开输入电压,通过后台或前台查看开关电源是否上报输入掉电告警;恢复输入供电,观察电源工作状态,通过后台或前台查看开关电源上报的输入掉电告警是否消失
注意事项	适用于具有备用电池或在输出掉电前能发出输入掉电告警的开关电源

2.4.4　输入过频保护测试

输入过频保护测试见表 2-96。

表 2-96　输入过频保护测试

指标定义	被测开关电源对输入频率较高时的保护及恢复特性
指标来源	行业标准、产品需求规格书
所需设备	输入源、负载、功率分析仪、电流表、电压表
测试条件	依据规格书所规定的输入频率和负载要求，默认按额定输入电压额定输出电压满载测试
测试框图	
测试方法	使被测电源工作于额定频率输入、额定输出、满载状态，逐渐调高输入频率至开关电源过频保护，记录过频保护值，通过后台或前台查看开关电源是否上报相应告警，检查指示灯状态；逐渐调低输入频率，观察开关电源能否恢复工作，记录恢复工作时的输入频率值，通过后台或前台查看开关电源相应告警是否消失，检查指示灯状态，并计算频率恢复回差
注意事项	适用于交流输入类型的开关电源，一般开关电源设计有软启动，在恢复工作调节中要缓慢，要注意软启动过程对该项目恢复点测试的影响

2.4.5　输入欠频保护测试

输入欠频保护测试见表 2-97。

表 2-97　输入欠频保护测试

指标定义	被测开关电源对输入频率较低时的保护及恢复特性
指标来源	行业标准、产品需求规格书
所需设备	输入源、负载、功率分析仪、电流表、电压表
测试条件	依据规格书所规定的输入频率和负载要求
测试框图	
测试方法	使被测电源工作于额定频率输入、额定输出、满载状态，逐渐调低输入频率至开关电源欠频保护，记录欠频保护值，通过后台或前台查看开关电源是否上报相应告警，检查指示灯状态；逐渐调高输入频率，观察开关电源能否恢复工作，记录恢复工作时的输入频率值，通过后台或前台查看开关电源相应告警是否消失，检查指示灯状态，并计算频率恢复回差
注意事项	适用于交流输入类型的开关电源，一般开关电源设计有软启动，在恢复工作调节中要缓慢，要注意软启动过程对该项目恢复点测试的影响

2.4.6 输入断相保护测试

输入断相保护测试见表2-98。

表2-98 输入断相保护测试

指标定义	被测开关电源的输入断相保护及恢复特性
指标来源	行业标准、产品需求规格书
所需设备	输入源、功率分析仪、负载、电压表、分流器
测试条件	依据规格书所规定的输入和输出要求
测试框图	
测试方法	设置并启动电源额定输入额定输出满载工作,断开输入任一相,观察电源能否保护,记录状态;闭合断开的输入相,观察开关电源能否恢复工作,记录状态,判断测试结果是否满足规格书要求
注意事项	适用于具有断相保护的三相交流输入类型开关电源

2.4.7 三相不平衡保护测试

三相不平衡保护测试见表2-99。

表2-99 三相不平衡保护测试

指标定义	被测开关电源的输入三相不平衡保护及恢复特性
指标来源	行业标准、产品需求规格书
所需设备	输入源、功率分析仪、负载、电压表、分流器
测试条件	依据规格书所规定的输入和输出要求
测试框图	
测试方法	设置并启动电源额定输入额定输出满载工作,缓慢调低任一相输入电压,记录电源保护时的输入电压值,缓慢调高该相输入电压,记录电源恢复工作时的输入电压值;恢复该相额定输入,再缓慢调高该相输入电压,记录电源保护时的输入电压值,缓慢调低该相输入电压,记录电源恢复工作时的输入电压值;分别更换其他两相,重复上述操作
注意事项	适用于具有输入不平衡保护的三相交流输入类型开关电源

2.4.8 输出静态过电压保护测试

输出静态过电压保护测试见表 2-100。

表 2-100 输出静态过电压保护测试

指标定义	被测开关电源的输出静态过电压保护及恢复特性，输出过电压保护有自恢复和闭锁两种保护模式
指标来源	行业标准、产品需求规格书
所需设备	输入源、DC 可调节直流源、电压表、分流器
测试条件	依据规格书所规定输入和负载要求，默认按额定输入电压额定输出电压空载测试
测试框图	输入源 — 被测电源 — 电压表 — 分流器 I — DC可调直流源
测试方法	使被测电源工作于额定频率输入额定输出空载状态，调节直流源输出电压至电源输出电压附近，闭合直流源输出开关，逐渐调高直流源输出电压直至电源输出过电压保护，测量并记录保护时的电压值，断开直流源输出开关，观察电源是否能恢复正常工作，并记录状态；若电源输出过压保护值可设置，对典型值、上下限按上述步骤完成验证测试
注意事项	上述过电压测试方法又称为外灌电压法

2.4.9 输出动态过电压保护测试

输出动态过电压保护测试见表 2-101。

表 2-101 输出动态过电压保护测试

指标定义	被测开关电源的输出动态过电压保护特性
指标来源	行业标准、产品需求规格书
所需设备	输入源、示波器、负载
测试条件	依据规格书所规定输入和负载要求
测试框图	输入源 — 被测电源 — 示波器 — 分流器 I — 负载
测试方法	使被测电源工作于额定输入、额定输出、空载工作状态，短接开关电源电压反馈环路（通过短接光耦或电阻分压反馈回路），示波器调节适当扫描速率，抓取输出过电压保护波形，测量并记录保护时的电压峰值；恢复电压反馈环路，观察电源是否能恢复正常工作，并记录状态
注意事项	上述过电压测试方法又称环路失效法，一般动态过电压值比静态过电压值稍高

2.4.10 输出欠电压保护测试

输出欠电压保护测试见表2-102。

表2-102 输出欠电压保护测试

指标定义	被测开关电源的输出欠电压保护及恢复特性
指标来源	行业标准、产品需求规格书
所需设备	输入源、负载、电压表、电流表
测试条件	依据规格书所规定的输入和输出要求
测试框图	
测试方法	设置并启动电源额定输入、额定输出、满载工作,逐渐调高输出端负载至电源输出欠电压保护或逐渐设置低于保护阈值的输出电压,测量并记录欠电压保护时的输出电压值,逐渐减小负载或逐渐调高输出电压值,查看电源能否恢复正常工作
注意事项	需屏蔽先于欠电压保护的保护措施如限功率保护等,以免误触发

2.4.11 输出电压不平衡保护测试

输出电压不平衡保护测试见表2-103。

表2-103 输出电压不平衡保护测试

指标定义	被测开关电源的输出电压不平衡保护及恢复特性
指标来源	行业标准、产品需求规格书
所需设备	输入源、负载、电压表
测试条件	依据规格书所规定的输入和输出要求
测试框图	
测试方法	设置并启动电源额定输入、额定输出、空载工作,人工模拟直流输出各段电压不平衡故障,测量并记录输出电压不平衡保护时的输出电压值 U_1 和 U_2;逐渐减小电压差值,查看电源能否恢复正常工作
注意事项	适用于串联实现高压直流输出的开关电源,如高压充电模块

2.4.12　输出过载保护测试

输出过载保护测试见表 2-104。

表 2-104　输出过载保护测试

指标定义	被测开关电源的输出过功率保护及恢复特性
指标来源	行业标准、产品需求规格书
所需设备	输入源、负载、电压表、电流表
测试条件	依据规格书所规定的输入和输出要求
测试框图	
测试方法	设置并启动电源额定输入、额定输出、满载工作,逐渐调高输出端负载至电源输出过载保护,测量并记录过载保护前的输出电压和电流,计算输出功率;逐渐减小负载至额定负载,查看电源能否恢复正常工作
注意事项	需屏蔽先于过载保护的保护措施如欠电压保护等,以免被触发

2.4.13　输出过电流保护测试

输出过电流保护测试见表 2-105。

表 2-105　输出过电流保护测试

指标定义	被测开关电源的输出过电流保护及恢复特性
指标来源	行业标准、产品需求规格书
所需设备	输入源、负载、电压表、电流表
测试条件	依据规格书所规定的输入和输出要求测试
测试框图	
测试方法	设置并启动电源额定输入、额定输出、满载工作,逐渐调高输出端负载至电源输出过电流保护,测量并记录过电流保护时的输出电流;逐渐减小负载至额定负载,查看电源能否恢复正常工作
注意事项	需屏蔽先于过电流保护的保护措施如过功率保护等,以免被触发

2.4.14 输出短路保护测试

输出短路保护测试见表2-106。

表 2-106 输出短路保护测试

指标定义	被测开关电源的输出短路保护及恢复特性
指标来源	行业标准、产品需求规格书
所需设备	输入源、短路装置、示波器、电流表
测试条件	依据规格书所规定的输入和输出要求
测试框图	
测试方法	设置并启动电源额定输入、额定输出、满载工作，对电源输出端进行短路操作，观察电源工作状态，记录短路电流；去除短路状态，查看电源能否恢复正常工作；调节输出负载为空载，重复上述操作
注意事项	1）短路线缆尽量短粗，短路阻抗建议 $<0.1\Omega$ 2）超过一定时间闭锁模式设计的开关电源，短路测试持续时间要足够

2.4.15 输出反接保护测试

输出反接保护测试见表2-107。

表 2-107 输出反接保护测试

指标定义	被测开关电源的输出反接保护及恢复特性
指标来源	行业标准、产品需求规格书
所需设备	输入源、电压表、可调节直流源、分流器
测试条件	依据规格书所规定的输出电压要求
测试框图	
测试方法	设置并启动被测开关电源额定输入、额定输出、空载工作，调节辅助直流源电压至电源输出整定值，闭合直流源开关，观察电源状态；断开直流源开关，观察电源是否恢复工作
注意事项	1）适合用外接电池的开关电源，无反接防护开关电源禁止该项测试 2）DC 可调节直流源应具有防反灌功能

2.4.16　风扇故障保护测试

风扇故障保护测试见表 2-108。

表 2-108　风扇故障保护测试

指标定义	被测开关电源的风扇故障保护及恢复特性
指标来源	行业标准、产品需求规格书
所需设备	输入源、负载、电压表、电流表
测试条件	依据规格书所规定的输入和输出要求
测试框图	
测试方法	设置并启动电源额定输入、额定输出、满载工作，拔掉风扇线缆，观察电源状态。恢复线缆连接，查看电源是否恢复工作；断开输入，待风扇停转后用异物堵住风扇转子部分，启动输入，观察并记录电源状态；若电源保护，移开异物，查看电源能否恢复正常工作
注意事项	鉴于安全考虑，禁止在风扇高速转动中进行封堵操作

2.4.17　低温保护测试

低温保护测试见表 2-109。

表 2-109　低温保护测试

指标定义	被测开关电源的低温保护及恢复特性
指标来源	行业标准、产品需求规格书
所需设备	输入源、示波器、高低温试验箱、电流表
测试条件	依据规格书所规定的输入和输出要求
测试框图	
测试方法	将电源置于高低温试验箱中，设置环境温度为 25℃，设置并启动电源为额定输入额定输出空载工作，逐步调低环境温度，直至电源出现低温关机保护，记录保护时的环境温度或基板温度或检测点温度；缓慢调高环境温度，直至电源恢复正常工作，记录此时的环境温度或基板温度或检测点温度，并计算温度保护恢复回差
注意事项	具有机内低温保护设计的电源，按照机内低温保护测试

2.4.18 过温保护测试

过温保护测试见表2-110。

表2-110 过温保护测试

指标定义	被测开关电源的过温保护及恢复特性
指标来源	行业标准、产品需求规格书
所需设备	输入源、负载、示波器、高低温试验箱
测试条件	依据规格书所规定的输入和输出要求
测试框图	
测试方法	将电源置于高低温试验箱中，设置环境温度为25℃，设置并启动电源为额定输入额定输出满载工作，逐步调高环境温度，负载大小根据电源高温降载曲线设置，直至电源出现过温关机保护，记录保护时的环境温度或基板温度或检测点温度；缓慢调低环境温度，直至电源恢复正常工作，记录此时的环境温度或铝基板温度或检测点温度，计算温度回差
注意事项	1）具有高温降载功能的电源需按降载设计参数调节负载测试 2）不具有环境过温保护设计，而具有机内过温保护设计的电源，按照机内过温保护测试，并记录保护和恢复时的机内温度

2.4.19 内部告警保护测试

内部告警保护测试见表2-111。

表2-111 内部告警保护测试

指标定义	被测开关电源的内部故障保护及恢复特性
指标来源	行业标准、产品需求规格书
所需设备	输入源、负载、示波器、电流表
测试条件	依据规格书所规定的输入和输出要求
测试框图	
测试方法	设置并启动电源额定输入、额定输出工作，通过软硬件人为制造各种电源内部告警（如PFC-BUS不平衡、一、二次侧通信断、BUS过电压、BUS欠电压或EEPROM故障等），观察电源能否保护及恢复，记录电源状态
注意事项	无法通过测试环境模拟的告警需更改电源的软硬件执行

2.4.20 绝缘接地保护测试

绝缘接地保护测试见表 2-112。

表 2-112 绝缘接地保护测试

指标定义	被测开关电源的绝缘接地保护及恢复特性
指标来源	NB/T 33008.1
所需设备	输入源、负载、示波器、电流表
测试条件	依据规格书所规定的输入和输出要求
测试框图	
测试方法	设置并启动电源额定输入额定输出工作，模拟电源发生接地故障或绝缘水平下降到绝缘接地保护值以下，观察电源能否保护，去除故障或恢复绝缘接地的绝缘水平以上，观察电源是否恢复工作
注意事项	适用于高压直流输出的开关电源

2.4.21 ORing 保护测试

ORing 保护测试见表 2-113。

表 2-113 ORing 保护测试

指标定义	被测开关电源并机工作时，因模块短路等故障发生后能够快速隔离故障模块，不影响系统正常供电的保护机制
指标来源	行业标准、产品需求规格书
所需设备	输入源、电源系统、负载、示波器、分流器
测试条件	依据规格书所规定的系统输入和输出要求
测试框图	

（续）

测试方法	使被测开关电源系统按要求的输入和输出条件工作，用示波器检测输出母排电压波形，插入一台电源模块，观察电源系统工作状况和输出母排电压波形变化。拔出该台电源模块，观察电源系统工作状况和输出母排电压波形变化；人为制造该模块输出短路（ORing 保护电路前端）等故障，然后将电源模块插入系统，观察并记录电源系统工作状况和输出母排波形变化及恢复状况
注意事项	适用于具有冗余设计的多模块并机电源系统，如服务器电源

2.4.22 并网高压保护测试

并网高压保护测试见表 2-114。

表 2-114 并网高压保护测试

指标定义	被测开关电源并网时的高压保护特性
指标来源	GB/T 37408、GB/T 37409
所需设备	输入源、功率分析仪、电网模拟器、电流表
测试条件	依据规格书所规定的输出电压和负载要求测试，默认按额定输入电压额定功率测试
测试框图	
测试方法	设置开关电源额定输入电压额定输入功率，启动电源并使其工作在并网状态，缓慢调高电网模拟器的电压至电源出现并网过电压关机保护，测量并记录保护时的并网电压值和保护响应时间；缓慢调低电网模拟器的电网电压，观察并记录电源能否恢复工作，测量并记录恢复工作时的并网电压值和恢复响应时间
注意事项	1）适用于输出为交流且可并网的开关电源 2）具有输出功率可调节的开关电源按额定输出功率设置

2.4.23 并网低压保护测试

并网低压保护测试见表 2-115。

表 2-115 并网低压保护测试

指标定义	被测开关电源并网时的低压保护特性
指标来源	GB/T 37408、GB/T 37409
所需设备	输入源、功率分析仪、电网模拟器、电流表
测试条件	依据规格书所规定的输出电压和负载要求测试
测试框图	

（续）

测试方法	设置开关电源额定输入电压额定输入功率，启动电源使其工作在并网状态，缓慢调低电网模拟器的电网电压至电源出现并网欠电压关机保护，测量并记录保护时的并网电压值和保护响应时间；缓慢调高电网模拟器的电网电压，观察并记录电源能否恢复工作，测量并记录恢复工作时的并网电压值和恢复响应时间
注意事项	1）适用于输出为交流且可并网的开关电源 2）具有输出功率可调节的开关电源按额定输出功率设置

2.4.24　并网过电流保护测试

并网过电流保护测试见表 2-116。

表 2-116　并网过电流保护测试

指标定义	被测开关电源并网时的过电流保护特性
指标来源	行业标准、产品需求规格书
所需设备	输入源、功率分析仪、电网模拟器、电流表
测试条件	依据规格书所规定的输出电压和负载要求测试
测试框图	
测试方法	设置电源额定输入电压额定输入功率，启动电源使其工作在并网状态，逐渐调节输入功率和并网电压，直到电源并网过电流关机保护，测量并记录保护时的并网电流值和保护响应时间；缓慢调低输入功率，观察电源能否恢复正常工作，若能恢复工作，测量并记录恢复工作时的并网电流值和恢复响应时间
注意事项	1）适用于输出为交流且可并网的开关电源 2）具有输出功率可调节的开关电源，按照输出功率设置 3）需屏蔽先于并网过流保护的其他保护或限制措施

2.5　其他技术指标测试

2.5.1　稳态电压应力测试

稳态电压应力测试见表 2-117。

表 2-117　稳态电压应力测试

指标定义	被测开关电源稳态工作时关键器件的电压应力
指标来源	GJB/Z 35、QJ 1417、ANSI/GEIA STD – 0008
所需设备	输入源、负载、示波器、电流表、负载
测试条件	依据规格书所规定的输出电压和负载要求测试

（续）

测试框图	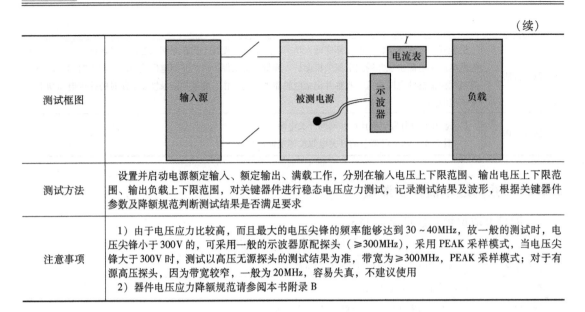
测试方法	设置并启动电源额定输入、额定输出、满载工作，分别在输入电压上下限范围、输出电压上下限范围、输出负载上下限范围，对关键器件进行稳态电压应力测试，记录测试结果及波形，根据关键器件参数及降额规范判断测试结果是否满足要求
注意事项	1）由于电压应力比较高，而且最大的电压尖锋的频率能够达到 30～40MHz，故一般的测试时，电压尖锋小于 300V 的，可采用一般的示波器原配探头（≥300MHz），采用 PEAK 采样模式，当电压尖锋大于 300V 时，测试以高压无源探头的测试结果为准，带宽为≥300MHz，PEAK 采样模式；对于有源高压探头，因为带宽较窄，一般为 20MHz，容易失真，不建议使用 　2）器件电压应力降额规范请参阅本书附录 B

2.5.2　瞬态电压应力测试

　　瞬态电压应力测试见表 2-118。

表 2-118　瞬态电压应力测试

指标定义	被测开关电源瞬态工作时关键器件的电压应力
指标来源	GJB/Z 35、QJ 1417、ANSI/GEIA STD – 0008
所需设备	输入源、负载、示波器、电流表、负载
测试条件	依据规格书所规定的输出电压和负载要求测试
测试框图	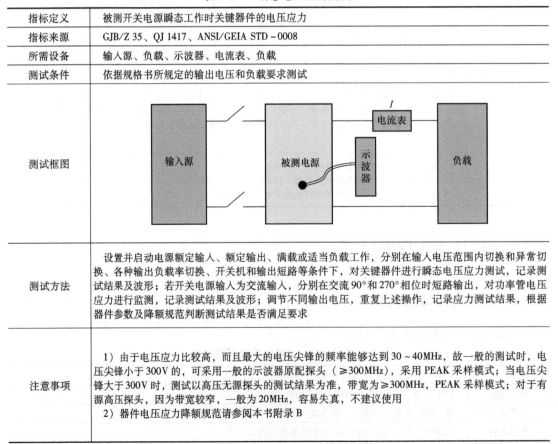
测试方法	设置并启动电源额定输入、额定输出、满载或适当负载工作，分别在输入电压范围内切换和异常切换、各种输出负载切换、开关机和输出短路等条件下，对关键器件进行瞬态电压应力测试，记录测试结果及波形；若开关电源输入为交流输入，分别在交流 90°和 270°相位时短路输出，对功率管电压应力进行监测，记录测试结果及波形；调节不同输出电压，重复上述操作，记录应力测试结果，根据器件参数及降额规范判断测试结果是否满足要求
注意事项	1）由于电压应力比较高，而且最大的电压尖锋的频率能够达到 30～40MHz，故一般的测试时，电压尖锋小于 300V 的，可采用一般的示波器原配探头（≥300MHz），采用 PEAK 采样模式；当电压尖锋大于 300V 时，测试以高压无源探头的测试结果为准，带宽为≥300MHz，PEAK 采样模式；对于有源高压探头，因为带宽较窄，一般为 20MHz，容易失真，不建议使用 　2）器件电压应力降额规范请参阅本书附录 B

2.5.3　稳态电流应力测试

稳态电流应力测试见表2-119。

表 2-119　稳态电流应力测试

指标定义	被测开关电源稳态工作时关键器件的电流应力
指标来源	GJB/Z 35、QJ 1417、ANSI/GEIA STD - 0008
所需设备	输入源、负载、示波器、电流表
测试条件	依据规格书所规定的输出电压和负载要求测试
测试框图	
测试方法	设置并启动电源额定输入、额定输出、满载工作，分别在输入电压上下限范围、输出电压上下限范围、输出负载上下限范围，对关键器件进行稳态电流应力测试，记录测试结果及波形，根据关键器件参数及降额规范判断测试结果是否满足要求
注意事项	1）测试电流应力时设置示波器带宽≥20MHz，取样模式 2）器件电流应力降额规范请参阅本书附录 B

2.5.4　瞬态电流应力测试

瞬态电流应力测试见表2-120。

表 2-120　瞬态电流应力测试

指标定义	被测开关电源瞬态工作时关键器件的电流应力
指标来源	GJB/Z 35、QJ 1417、ANSI/GEIA STD - 0008
所需设备	输入源、负载、示波器、电流表
测试条件	依据规格书所规定的输出电压和负载要求测试
测试框图	
测试方法	设置并启动电源额定输入、额定输出、满载工作，分别在输入电压跳变、输出负载跳变、开关机和输出短路等条件下，对关键器件进行瞬态电流应力测试，记录测试结果及波形。若开关电源输入为交流输入，分别在交流90°和270°相位时短路输出，对功率管电流应力进行监测，记录测试结果及波形，根据器件参数及降额规范判断测试结果是否满足要求
注意事项	1）测试电流应力时设置示波器带宽≥20MHz，取样模式 2）器件电流应力降额规范请参阅本书附录 B

2.5.5 整机热分布测试

整机热分布测试见表2-121。

表 2-121 整机热分布测试

指标定义	被测开关电源的整体热分布情况
指标来源	行业规范、企业规范
所需设备	输入源、负载、红外成像仪、电压表、电流表
测试条件	依据规格书所规定的输出电压和负载要求测试
测试框图	
测试方法	设置并启动电源额定输入、额定输出工作，常温环境分别在额定输入电压及输入电压上下限（含满载及降载输入电压上下限）、额定输出电压及输出电压上下限（含满载及降载输出电压上下限）、额定输出负载及最大输出负载，待热平衡后对电源整体及局部正反面进行热成像测试，快速查看整个开关电源在各种工作状态下的热分布，快速确认预测的热点以及其热量如何影响周围区域，特别关注容易忽略的小器件，记录测试结果，为热电偶测试方案提供针对性参考，热成像如下图所示
注意事项	1）热成像仪垂直于被测电源，调整适当焦距以获得清晰的热成像 2）金属表面建议进行涂黑处理

2.5.6　稳态热应力测试

稳态热应力测试见表 2-122。

表 2-122　稳态热应力测试

指标定义	被测开关电源关键器件温度应力
指标来源	GJB/Z 35、QJ 1417、ANSI/GEIA STD – 0008
所需设备	输入源、负载、高低温试验箱、数据采集仪、电压表、电流表
测试条件	依据规格书所规定的输出电压和负载要求测试
测试框图	
测试方法	设置并启动电源额定输入、额定输出工作，分别在额定输入电压及输入电压上下限（含满载及降载输入电压上下限）、额定输出电压及输出电压上下限（含满载及降载输出电压上下限）、额定输出负载及最大输出负载、环境/基板温度上下限范围、额定转速及各种设计转速转折点（仅适用于风冷产品），对关键器件进行稳态热应力测试，记录测试结果，根据关键器件参数及降额规范判断测试结果是否满足要求
注意事项	器件热应力降额规范请参阅本书附录 B

2.5.7　动态热应力测试

动态热应力测试见表 2-123。

表 2-123　动态热应力测试

指标定义	被测开关电源在负载动态时关键器件的温度应力
指标来源	GJB/Z 35、QJ 1417、ANSI/GEIA STD – 0008
所需设备	输入源、电子负载、高低温试验箱、数据采集仪、示波器、电流表
测试条件	依据规格书所规定的输出电压和负载要求测试
测试框图	
测试方法	设置并启动电源额定输入、额定输出工作，分别设置 25% ～50%、50% ～75%、20% ～80%、10% ～90%、0% ～100% 或 0% ～110% 等不同负载动态切换，切换时间根据实际工况确定，用数据采集仪对关键器件进行动态热应力曲线测试，记录器件温度瞬时最大值，根据关键器件参数及降额规范判断测试结果是否满足要求
注意事项	1）适用于负载频繁变化应用场景开关电源的热应力评估，如激光电源 2）器件热应力降额规范请参阅本书附录 B

2.5.8 电解电容近似寿命测试

电解电容近似寿命测试见表2-124。

表2-124 电解电容近似寿命测试

指标定义	被测开关电源的电解电容在环境温度30℃或规定环境温度时的寿命，不考虑电解电容纹波电流对寿命的影响
指标来源	行业规范、企业规范
所需设备	输入源、负载、数据采集仪、高低温试验箱、电流表
测试条件	依据规格书所规定的环境温度、输入电压和负载要求测试
测试框图	
测试方法	设置环境温度为30℃或规定环境温度，启动电源额定输入、额定输出、满载工作，对电源内部所有电解电容温升进行测试，根据测试结果计算电解电容寿命，取最小值作为整机的电解电容寿命，以环境30℃为例： 1）液态铝电解电容寿命计算如下式所示： $$液态铝电解电容寿命 = \frac{2^{\frac{工作温度上限-30℃电容温度}{10}} \times 基础寿命}{365 \times 24}（年）$$ 2）固态铝电解电容寿命计算如下式所示： $$固态铝电解电容寿命 = \frac{10^{\frac{工作温度上限-30℃电容温度}{20}} \times 基础寿命}{365 \times 24}（年）$$
注意事项	1）适用于电解电容寿命的近似估计值 2）不同品牌电解电容寿命计算方式不同，按厂家推荐公式计算

2.5.9 电解电容使用寿命测试

电解电容使用寿命测试见表2-125。

表 2-125 电解电容使用寿命测试

指标定义	被测开关电源的电解电容在环境温度30℃或规定环境温度时的寿命，考虑电解电容纹波电流对寿命的影响
指标来源	行业规范、企业规范
所需设备	输入源、负载、数据采集仪、示波器、高低温试验箱、电流表
测试条件	依据规格书所规定的环境温度、输入电压和负载要求测试
测试框图	
测试方法	设置环境温度为30℃或规定环境温度，启动电源额定输入、额定输出、满载工作，对电源内部所有电解电容温升和纹波电流进行测试，根据测试结果计算电解电容寿命，取最小值作为整机电解电容寿命，以30℃为例： 1）液态铝电解电容寿命计算如下式所示： $$液态铝电解电容寿命 = \frac{2^{\frac{(工作温度上限 + \Delta t) - (30℃电容温度 + \Delta T)}{10}}}{365 \times 24} \times 基础寿命 （年）$$ 2）固态铝电解电容寿命计算如下所示： $$固态铝电解电容寿命 = \frac{10^{\frac{(工作温度上限 + \Delta t) - (30℃电容温度 + \Delta T)}{20}}}{365 \times 24} \times 基础寿命 （年）$$ 式中，Δt 为额定温度和额定纹波电流时最大允许温升；ΔT 为 T 温度时纹波电流产生的发热量，$\Delta T = \Delta t \left(\dfrac{纹波电流}{额定纹波电流} \right)^2$
注意事项	1）适用于电解电容寿命的估计值 2）不同品牌电解电容寿命计算方式不同，按厂家推荐公式计算

2.5.10 电解电容加速老化测试

电解电容加速老化测试见表2-126。

表2-126 电解电容加速老化测试

指标定义	被测开关电源的铝电解电容加速老化对其工作的影响,该试验是加速老化测试,推荐运行时长不低于7天,不得出现冒烟起火现象 铝电解电容内部的电解液会蒸发或产生化学变化,溶液变稠时,电阻率因黏稠度增大而上升,使工作电解质的等效串联电阻增大,导致电容器损耗明显上升,增大的等效串联电阻产生更大热量,造成电解液更大挥发,如此循环往复,铝电解电容器容量急剧下降,甚至会造成爆炸
指标来源	行业规范、企业规范
所需设备	输入源、负载、数据采集仪、示波器、电流表
测试条件	依据规格书所规定输入和输出要求测试
测试框图	
测试方法	对被测开关电源电解电容进行全开防爆阀,启动电源额定输入、额定输出、满载工作,对电源内部所有电解电容温度进行监测,一直运行直至电源无法工作或达到规定的截止时间,记录测试时间及试验现象
注意事项	1)电解电容开阀时勿破坏层间绝缘 2)电解液挥发易造成环境污染,需有相关的防护措施

2.5.11 开关频率测试

开关频率测试见表2-127。

表2-127 开关频率测试

指标定义	被测开关电源功率管在额定输入满载工作时的开关频率
指标来源	行业标准、产品需求规格书
所需设备	输入源、负载、示波器、电流表
测试条件	依据规格书所规定的输出电压和负载要求测试
测试框图	
测试方法	设置电源额定输入、额定输出、满载工作,用示波器测量并记录开关电源功率管的开关频率,有两级变换的电源前后级分别测量
注意事项	适用于超高频开关电源模块或板上开关电源

2.5.12　磁饱和测试

磁饱和测试见表 2-128。

表 2-128　磁饱和测试

指标定义	被测开关电源变压器或电感的磁饱和程度 全温度范围、全输入、全输出、全负载范围，通过磁性器件的电流波形不能出现异常上翘，若出现异常上翘，则发生了磁饱和
指标来源	行业规范、企业规范
所需设备	输入源、负载、示波器
测试条件	依据规格书所规定的输入电压和负载要求测试
测试框图	
测试方法	启动电源额定输入、额定输出、满载工作 对变压器，用示波器记录变压器脉冲电压，读取峰值电压，计算磁感应强度变化量如下式所示： $$\Delta B = \frac{V_{\max} t}{N A_{\rm e}}$$ 式中，ΔB 为磁感应强度变化量；$V_{\max}$ 为变压器脉冲峰值电压；t 为脉冲时间；N 为变压器匝数；$A_{\rm e}$ 为磁芯有效截面积 调节负载为最小负载，重复上述测试并计算 ΔB，调节输入电压的上下限，重复上述测试计算 ΔB，取 ΔB 的最大值 对电感，用示波器记录电感电流波形峰值，计算磁感应强度变化量如下式所示： $$\Delta B = \frac{I_{\rm p} L_{\max}}{N A_{\rm e}}$$ 式中，ΔB 为磁感应强度变化量；$I_{\rm p}$ 为电流波形峰值；$L_{\max}$ 为电感最大感量；N 为电感匝数；$A_{\rm e}$ 为磁芯有效截面积 ΔB 的大小按产品设计要求值进行判定
注意事项	示波器带宽不小于 300MH，时间刻度大于 4μs，PEAK 采样模式

2.5.13 环路裕量测试

环路裕量测试见表2-129。

表2-129 环路裕量测试

指标定义	被测开关电源负反馈环路的频率响应 电源系统是否稳定，是否能长时间有效工作，相位裕量和带宽可以在很大程度上起决定性的作用，从开关电源的稳定性看，带宽越低电源越容易稳定，从开关电源的动态指标看，带宽越高电源的动态性能越好，根据奈奎斯特定理对系统稳定性要求，开关电源的相位裕量不低于45°，30°可以考虑为最低限额要求；对于带宽，200~500kHz的开关电源的要求在10%~30%的开关频率
指标来源	行业规范、企业规范
所需设备	输入源、负载、频率响应分析仪（Frequency Response Analyzer，FRA）或增益－相位分析仪、高低温试验箱
测试条件	依据规格书所规定的输入电压和负载要求测试
测试框图	 （图片来源于OMICRON）
测试方法	对被测开关电源在输入电压全范围，输出负载全范围，最小和最大容性负载，三温（高温、低温和常温）等各种组合条件下环路稳定性进行扫描测试，读出增益裕量和相位裕量，判断是否满足要求
注意事项	1）电源需工作在连续模式 2）测试频率范围不小于20Hz~电源开关频率 3）外加扰动信号不能设置过小，也不能设置过大，否则测试结果是不准确的，建议从尽可能小开始增加，大到不引起输出电压范围超标 4）特别注意注入电阻的位置以及大小，为了减小测量误差，一般选取10~100Ω电阻

2.5.14　死区时间测试

死区时间测试见表2-130。

表 2-130　死区时间测试

指标定义	开关电源同一桥臂的上半桥关断后，延迟一段时间再打开下半桥；或者在下半桥关断后，延迟一段时间再打开上半桥。从而避免直通导致功率管损坏，这段延迟时间就是死区时间。死区时间一般只占百分之几的开关周期，会造成波形输出中断，影响输出纹波，但不起决定性作用
指标来源	行业规范、企业规范
所需设备	输入源、负载、示波器、电流表
测试条件	依据规格书所规定的输入和输出要求测试
测试框图	
测试方法	设置并启动电源额定输入、额定输出、满载工作，分别在输入电压上下限范围、输出电压上下限范围、输出负载上下限范围，对开关管死区进行测试，记录测试结果及波形，判断是否满足设计要求
注意事项	1）示波器带宽不小于 300MH，DC 耦合，SAMPLE 采样模式 2）死区时间视开关管参数、工作频率和其应用电路决定，一般应用场景要求 200~350ns、300~500ns 和 500~900ns 等，对于超高开关频率工作器件要求不得小于 20ns，若 <20ns，则需进一步深入评估 3）死区的调整必须验证其对输出纹波及其他杂音电压的影响

2.5.15　堵风道试验测试

堵风道试验测试见表2-131。

表 2-131　堵风道试验测试

指标定义	被测开关电源对风道受阻的适应能力
指标来源	行业规范、企业规范
所需设备	输入源、负载、数据采集仪、示波器、电流表
测试条件	依据规格书所规定的输入和输出要求测试
测试框图	
测试方法	设置并启动开关电源额定输入、额定输出、满载工作，监测关键器件温度，分别使用医用纱布一层、两层、四层封堵任一风扇、全部风扇，每种条件运行至温度稳定或直至电源工作异常，记录电源工作状态及关键器件温度变化曲线；分别使用胶带完全封堵任一风扇、全部风扇，每种条件运行至温度稳定或直至电源工作异常，记录电源工作状态及关键器件温度变化曲线情况
注意事项	适用于强制风冷开关电源风道受阻的验证测试

2.5.16　堵风扇试验测试

堵风扇试验测试见表2-132。

表2-132　堵风扇试验测试

指标定义	被测开关电源对风扇堵转的适应能力
指标来源	行业规范、企业规范
所需设备	输入源、负载、数据采集仪、电压表、电流表
测试条件	依据规格书所规定的输入和输出要求测试
测试框图	
测试方法	额定输入、额定输出、满载工作，监测关键器件温度，分别封堵任一风扇和全部风扇后开机，每种条件运行至温度稳定或直至电源保护、异常，记录电源工作状态及器件温度变化曲线情况
注意事项	1）鉴于安全考虑，不建议在风扇转动中进行封堵操作 2）风扇堵转导致开关电源直接保护的可不进行该项测试

2.5.17　气密试验测试

气密试验测试见表2-133。

表2-133　气密试验测试

指标定义	检验密封开关电源各连接部位的密封性能
指标来源	行业规范、企业规范
所需设备	气密测试仪
测试条件	无包装，不通电
测试框图	无
测试方法	通过被测开关电源透气阀对电源进行充压，试验时压力应缓慢上升，达到规定试验压力后保压5min，检查保压结束时的压力是否在规定范围内，如不满足，查找原因、整改后重新进行气密性试验
注意事项	1）适用于易燃易爆等特殊使用场景的开关电源 2）气密性试验所用气体，应为干燥、清洁的空气、氮气或其他惰性气体 3）进行气密性试验时，安全附件应安装齐全

2.5.18　可焊接性测试

可焊接性测试见表2-134。

表2-134　可焊接性测试

指标定义	被测开关电源印制电路板（Printed Circuit Board，PCB）上焊盘的可焊接性能，一般要求≥95%面覆锡良好或达到规定要求
指标来源	行业规范、企业规范
所需设备	蒸汽老化箱、锡炉
测试方法	放置PCB于蒸汽老化箱中8h后，浸入245℃（或规定温度）的锡炉中，持续时间5s或规定时间，检查焊接面覆锡面积

第3章 开关电源输入适应性测试

输入适应性是指开关电源对输入类型和输入参数变动的适应能力,包括直流输入适应性和交流输入适应性,交直流兼容的多模开关电源需兼顾这两种输入制式的适应性。在输入类型和输入参数变动时,开关电源的工作功能和性能可能会降低,但无论输入类型和输入参数如何变动,只要在开关电源输入参数范围内,开关电源均不应该损坏,所有条件下均不能出现冒烟、起火及熔融金属析出。

3.1 直流输入适应性测试

3.1.1 输入反接适应性测试

输入反接适应性测试见表3-1。

表3-1 输入反接适应性测试

指标定义	被测开关电源对输入反接的适应能力
指标来源	行业规范、产品规格书
所需设备	输入源、负载、电压表、电流表
测试条件	依据规格书所规定的输入和输出要求测试
测试框图	
测试方法	设置并启动电源额定输入、额定输出、满载工作,断电后反接直流输入,观察电源状态,若无反应,则持续测试5min以上;恢复正确接入直流输入,观察电源是否能正常工作,基本功能性能是否满足要求
注意事项	不具有反接功能设计的开关电源禁止该项测试

3.1.2　输入反复开关机适应性测试

输入反复开关机适应性测试见表3-2。

表3-2　输入反复开关机适应性测试

指标定义	被测开关电源反复开关机的可靠性
指标来源	行业规范、产品规格书
所需设备	可编程直流源、负载、示波器、电流表
测试条件	依据规格书所规定的输入和输出要求测试
测试框图	
测试方法	设置电源额定输入、额定输出、满载工作，设定可编程输入源规定时间开机/规定时间关机，持续测试规定试验时间，测试中观察电源启动过程和工作状态；改变输入输出条件，重复上述操作
注意事项	输入开机时间建议覆盖软启动时间前、中和后各时间段

3.1.3　输入电压爬升斜率适应性测试

输入电压爬升斜率适应性测试见表3-3。

表3-3　输入电压爬升斜率适应性测试

指标定义	被测开关电源对输入缓慢变化的适应性
指标来源	行业规范、产品规格书
所需设备	可编程直流源、负载、示波器、电流表
测试条件	依据规格书所规定的输入和输出要求测试
测试框图	
测试方法	设置可编程输入源从0V开始以0.5V/min速率或其他规定的速率逐渐增加输入电压，用示波器观察被测开关电源启动过程及工作状态，反复持续测试规定试验次数，检查试验中和试验后开关电源是否正常
注意事项	具有输入降载设计的开关电源需满足低压时负载设计要求

3.1.4　输入电压阶梯曲线适应性测试

输入电压阶梯曲线适应性测试见表3-4。

表 3-4　输入电压阶梯曲线适应性测试

指标定义	被测开关电源对阶梯输入电压的适应能力
指标来源	行业规范、产品规格书
所需设备	可编程直流源、负载、示波器、电流表
测试条件	依据规格书所规定的输入和输出要求测试
测试框图	
测试方法	设置可编程输入源阶梯增加和阶梯减小输入电压，观察开关电源启动过程、工作和关机状态，反复测试规定试验时间，检查试验中和试验后开关电源是否正常
注意事项	具有输入降载设计的开关电源需满足低压时负载设计要求

3.1.5　输入电压渐变适应性测试

输入电压渐变适应性测试见表3-5。

表 3-5　输入电压渐变适应性测试

指标定义	被测开关电源对输入渐变的适应能力
指标来源	行业规范、产品规格书
所需设备	可编程直流源、负载、示波器、电流表
测试条件	依据规格书所规定的输入和输出要求测试，默认按额定输出电压额定输出功率测试
测试框图	
测试方法	设置可编程输入源逐渐线性增加和逐渐线性减小输入电压，用示波器观察电源启动过程、工作和关机状态，持续测试规定试验时间，检查试验中和试验后开关电源是否正常
注意事项	具有输入降载设计开关电源的带载情况需满足低压时负载设计要求

3.1.6 输入电压突变适应性测试

输入电压突变适应性测试见表3-6。

表3-6 输入电压突变适应性测试

指标定义	被测开关电源对输入电压突变的适应能力
指标来源	行业规范、产品规格书
所需设备	可编程直流源、负载、示波器、电流表
测试条件	依据规格书所规定的输入和输出要求测试
测试框图	
测试方法	设置可编程输入源电压在输入满载工作上下限、输入工作范围上下限和输入工作范围限内外进行高低压切换，持续时间可在1ms～10s之间或其他规定时间，观察电源启动过程、工作或关机状态，每个典型条件持续测试规定试验时间，检查试验中和试验后开关电源是否正常
注意事项	具有输入降载设计开关电源的带载情况需满足低压时负载设计要求

3.1.7 输入电压瞬降适应性测试

输入电压瞬降适应性测试见表3-7。

表3-7 输入电压瞬降适应性测试

指标定义	被测开关电源对输入瞬降的适应能力
指标来源	行业规范、产品规格书
所需设备	可编程直流源、负载、示波器、电流表
测试条件	依据规格书所规定的输入和输出要求测试
测试框图	
测试方法	设置电源额定输入、额定输出、满载工作，设定输入电压瞬间跌落（从100%跌落到40%、70%或任意值），电压暂降持续时间为1～1000ms或规定时间，分别在每个条件持续测试规定时间，检查电源是否正常

3.1.8 输入电压短时中断适应性测试

输入电压短时中断适应性测试见表3-8。

表 3-8 输入电压短时中断适应性测试

指标定义	被测开关电源对输入电压短时中断的适应能力
指标来源	行业规范、产品规格书
所需设备	可编程直流源、负载、示波器、电流表
测试条件	依据规格书所规定的输入和输出要求测试
测试框图	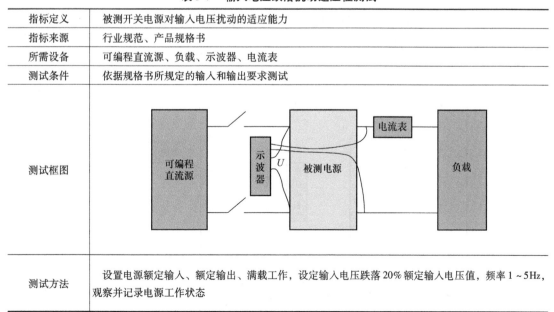
测试方法	设置电源额定输入、额定输出、满载工作,设定输入电压瞬间跌落(从100%跌落到0),电压暂降持续时间为 10 ~ 1000ms 或规定时间,分别在每个典型条件持续测试规定试验时间,检查开关电源是否正常

3.1.9 输入电压跌落扰动适应性测试

输入电压跌落扰动适应性测试见表3-9。

表 3-9 输入电压跌落扰动适应性测试

指标定义	被测开关电源对输入电压扰动的适应能力
指标来源	行业规范、产品规格书
所需设备	可编程直流源、负载、示波器、电流表
测试条件	依据规格书所规定的输入和输出要求测试
测试框图	
测试方法	设置电源额定输入、额定输出、满载工作,设定输入电压跌落20%额定输入电压值,频率1 ~ 5Hz,观察并记录电源工作状态

3.1.10 输入叠加交流脉冲测试

输入叠加交流脉冲测试见表 3-10。

表 3-10 输入叠加交流脉冲测试

指标定义	被测开关电源对输入直流叠加交流纹波的适应能力
指标来源	行业规范、产品规格书
所需设备	可编程直流源、负载、示波器、电流表
测试条件	依据规格书所规定的输入和输出要求测试
测试框图	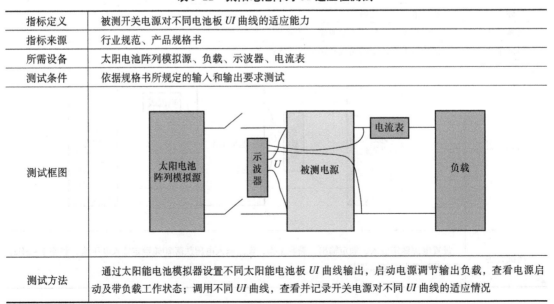
测试方法	设置电源额定输入、额定输出、满载工作，在输入电压上设定频率范围为 15～30Hz，在输入直流电压上设定交流有效值为 1% 额定电压值或其他规定电压值的纹波电压，观察并记录开关电源的工作状态

3.1.11 太阳电池阵列 *UI* 适应性测试

太阳电池阵列 *UI* 适应性测试见表 3-11。

表 3-11 太阳电池阵列 *UI* 适应性测试

指标定义	被测开关电源对不同电池板 *UI* 曲线的适应能力
指标来源	行业规范、产品规格书
所需设备	太阳电池阵列模拟源、负载、示波器、电流表
测试条件	依据规格书所规定的输入和输出要求测试
测试框图	
测试方法	通过太阳能电池模拟器设置不同太阳能电池板 *UI* 曲线输出，启动电源调节输出负载，查看电源启动及带负载工作状态；调用不同 *UI* 曲线，查看并记录开关电源对不同 *UI* 曲线的适应情况

3.2　交流输入适应性测试

3.2.1　电网制式适应性测试

电网制式适应性测试见表 3-12。

表 3-12　电网制式适应性测试

指标定义	被测开关电源对不同供电电网的适应能力 电网交流电压有 110V、115V、120V、127V、150V、220V、230V 和 240V 等，频率有 50Hz、60Hz、250Hz、400Hz 和 800Hz 等，连接方式有单相二线制、两相二线制、三相四线制和三相五线制等
指标来源	行业规范、产品规格书
所需设备	可编程交流源、负载、示波器、电流表
测试条件	依据规格书所规定的输入和输出要求测试
测试框图	
测试方法	根据开关电源设计，用可编程交流源分别调节电压和频率参数，改变输入的连接形式，观察并记录电源启动过程、工作及施加负载情况，给出电源对要求电网制式的适应能力
注意事项	各国室内低压电网制式参考 1.6.6 节

3.2.2　频率渐变适应性测试

频率渐变适应性测试见表 3-13。

表 3-13　频率渐变适应性测试

指标定义	被测开关电源对输入频率缓慢变化的适应能力
指标来源	行业规范、产品规格书
所需设备	可编程交流源、负载、示波器、电流表
测试条件	依据规格书所规定的输入和输出要求测试
测试框图	
测试方法	设置开关电源额定输入、额定输出、满载工作，通过可编程交流源使开关电源的输入频率在频率范围上限和频率范围下限之间缓慢变化，变化率为 10Hz/min 或规定变化率，测试规定试验时间，观察并记录电源工作情况

3.2.3 频率突变适应性测试

频率突变适应性测试见表3-14。

表3-14 频率突变适应性测试

指标定义	被测开关电源对输入频率突变的适应能力
指标来源	行业规范、产品规格书
所需设备	可编程交流源、负载、示波器、电流表
测试条件	依据规格书所规定的输入和输出要求测试
测试框图	可编程交流源 — 被测电源 — 电流表 I — 示波器 — 负载
测试方法	设置开关电源额定输入、额定输出、满载工作,通过可编程交流源使开关电源的输入频率在频率范围上限和频率范围下限之间切换,持续时间为1min或规定值,持续测试规定试验时间,观察并记录电源工作情况;设置可编程交流源,使开关电源的输入频率在频率范围内和频率范围外之间切换,持续时间为1min或规定值,每种条件持续测试规定试验时间,观察并记录电源工作情况

3.2.4 电压渐变适应性测试

电压渐变适应性测试见表3-15。

表3-15 电压渐变适应性测试

指标定义	被测开关电源对输入电压缓慢变化的适应能力
指标来源	行业规范、产品规格书
所需设备	可编程交流源、负载、示波器、电流表
测试条件	依据规格书所规定的输入和输出要求测试
测试框图	可编程交流源 — 被测电源 — 电流表 I — 示波器 — 负载
测试方法	设置开关电源额定输入、额定输出、适当负载工作,通过可编程交流源使开关电源的输入电压在电压范围上限和电压范围下限之间缓慢变化,变化率为50V/min或规定值,持续测试规定试验时间,观察并记录开关电源工作情况

3.2.5　电压突变适应性测试

电压突变适应性测试见表 3-16。

表 3-16　电压突变适应性测试

指标定义	被测开关电源对输入电压突变的适应能力
指标来源	行业规范、产品规格书
所需设备	可编程交流源、负载、示波器、电流表
测试条件	依据规格书所规定的输入和输出要求测试
测试框图	
测试方法	设置开关电源额定输入、额定输出、适当负载工作，通过可编程交流源使开关电源的输入电压在电压范围上限和电压范围下限之间或不降载上下限之间切换，持续时间为 1min 或规定值，持续测试规定试验时间，观察并记录开关电源工作情况；设置可编程交流源使输入电压在电压范围内和电压范围外之间切换，持续时间为 1min 或规定值，每种条件持续测试规定试验时间，观察并记录开关电源工作情况

3.2.6　欠电压点循环适应性测试

欠电压点循环适应性测试见表 3-17。

表 3-17　欠电压点循环适应性测试

指标定义	被测开关电源对输入电压欠电压保护点附近循环变化的适应能力 电源输入欠电压点保护设置有回差，往往发生以下情况：输入电压较低，接近一次电源模块欠电压点关断；施加负载时欠电压；关机保护后，由于电源内阻原因，负载卸掉后电压将上升，可能造成一次电源模块处于在低压时反复开启的状态
指标来源	行业规范、产品规格书
所需设备	可编程交流源、负载、示波器、电流表
测试条件	依据规格书所规定的输入和输出要求测试
测试框图	
测试方法	设置开关电源额定输入、额定输出、适当负载工作，通过可编程交流源使输入在欠电压保护点 ±3V 之间缓慢变化，变化时间为 5~8min 或规定值，持续测试规定试验时间，观察并记录电源工作情况

3.2.7 交流反复开关机适应性测试

交流反复开关机适应性测试见表3-18。

表3-18 交流反复开关机适应性测试

指标定义	被测开关电源对输入反复开关机的适应能力
指标来源	行业规范、产品规格书
所需设备	可编程交流源、负载、示波器、电流表
测试条件	依据规格书所规定的输入和输出要求测试
测试框图	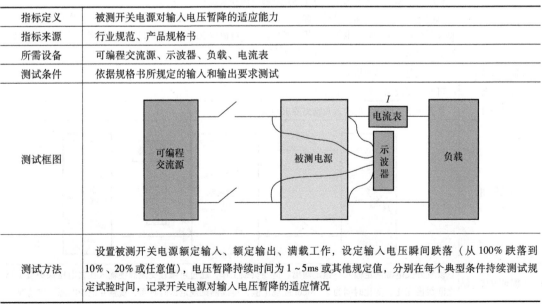
测试方法	设置被测开关电源额定输入、额定输出、满载工作，设定可编程输入源开机/关机试验程序，持续时间为10~60s或其他规定时间，每种条件持续测试规定试验时间，试验中观察并记录开关电源启动过程和工作状态；改变输入电压、输入频率、输出电压、输出负载，重复上述操作。试验后查看电源是否正常，检测基本指标是否满足规格书要求
注意事项	输入开机时间建议覆盖软启动时间前、中和后各时间段

3.2.8 电压暂降适应性测试

电压暂降适应性测试见表3-19。

表3-19 电压暂降适应性测试

指标定义	被测开关电源对输入电压暂降的适应能力
指标来源	行业规范、产品规格书
所需设备	可编程交流源、示波器、负载、电流表
测试条件	依据规格书所规定的输入和输出要求测试
测试框图	(见框图)
测试方法	设置被测开关电源额定输入、额定输出、满载工作，设定输入电压瞬间跌落（从100%跌落到10%、20%或任意值），电压暂降持续时间为1~5ms或其他规定值，分别在每个典型条件持续测试规定试验时间，记录开关电源对输入电压暂降的适应情况

3.2.9 电压短时中断适应性测试

电压短时中断适应性测试见表 3-20。

表 3-20 电压短时中断适应性测试

指标定义	被测开关电源对输入电压短时中断的适应能力
指标来源	行业规范、产品规格书
所需设备	可编程交流源、示波器、负载、电流表
测试条件	依据规格书所规定的输入和输出要求测试
测试框图	
测试方法	设置被测开关电源额定输入、额定输出、满载工作，设定输入电压瞬间跌落（从 100% 跌落到 0），电压暂降持续时间为 1ms ~ 5000ms 或其他规定值，分别在每个典型条件持续测试规定试验时间，给出开关电源对输入电压短时中断的适应情况

3.2.10 市电适应性测试

市电适应性测试见表 3-21。

表 3-21 市电适应性测试

指标定义	被测开关电源对市电供电的适应能力
指标来源	行业规范、产品规格书
所需设备	市电、负载、示波器、电流表
测试条件	依据规格书所规定的输入和输出要求测试
测试框图	
测试方法	市电电网供电，设置被测开关电源市电输入、额定输出、满载工作，分别调节输出电压和负载大小，用示波器观察输入电压和输出电压波形是否正常，检查技术指标是否满足规格书要求
注意事项	市电供电下，关注输出杂音电压的验证测试

3.2.11 一般交流源适应性测试

一般交流源适应性测试见表 3-22。

表 3-22 一般交流源适应性测试

指标定义	被测开关电源对一般交流源供电的适应能力,一般交流源是指交流电压畸变率>2%的交流源
指标来源	行业规范、产品规格书
所需设备	一般交流源、负载、示波器、电流表
测试条件	依据规格书所规定的输入和输出要求测试,默认按额定输入电压和额定输出电压满载测试
测试框图	
测试方法	采用一般交流源供电,设置电源额定输入、额定输出、满载工作,分别调节输入电压、输入频率、输出电压和负载大小,用示波器观察输入电压和输出电压波形是否正常,检查技术指标是否满足规格书要求
注意事项	在一般交流源供电下,关注输出杂音电压的验证测试

3.2.12 调压器适应性测试

调压器适应性测试见表 3-23。

表 3-23 调压器适应性测试

指标定义	被测开关电源对调压器供电的适应能力 调压器具有较大感抗,会使开关电源内部电路振荡,引起输入电流波形畸变或异响,致使开关电源无法正常工作和带载
指标来源	行业规范、产品规格书
所需设备	干式柱式调压器、示波器、负载、电流表
测试条件	依据规格书所规定的输入和输出要求测试
测试框图	
测试方法	采用干式柱式调压器供电,设置电源额定输入、额定输出、满载工作,用示波器观察输入电流和输出电压波形是否正常;分别调节输入电压、输出电压和负载大小,用示波器观察输入电流和输出电压波形是否正常,检查技术指标是否满足规格书要求
注意事项	在调压器供电下,关注输出杂音电压的验证测试

3.2.13 弱电网适应性测试

弱电网适应性测试见表3-24。

表3-24 弱电网适应性测试

指标定义	被测开关电源对弱电网供电的适应能力，弱电网常出现在轧钢厂供电电网附近
指标来源	行业规范、产品规格书
所需设备	弱电网测试装置（等效电路如右图所示）、示波器、负载、电流表 一捆长300m、截面积6mm²的线缆可模拟1Ω、11mH的弱电网测试环境 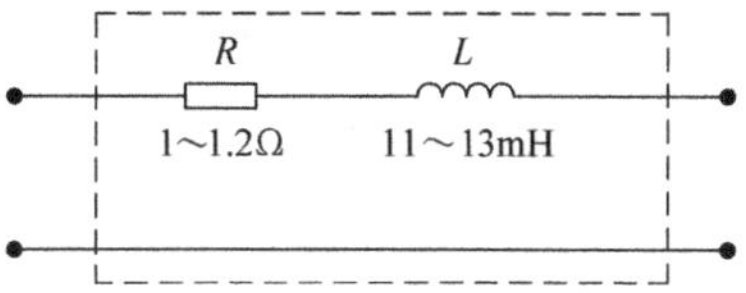
测试条件	依据规格书所规定的额定输入、额定输出、满载进行测试
测试框图	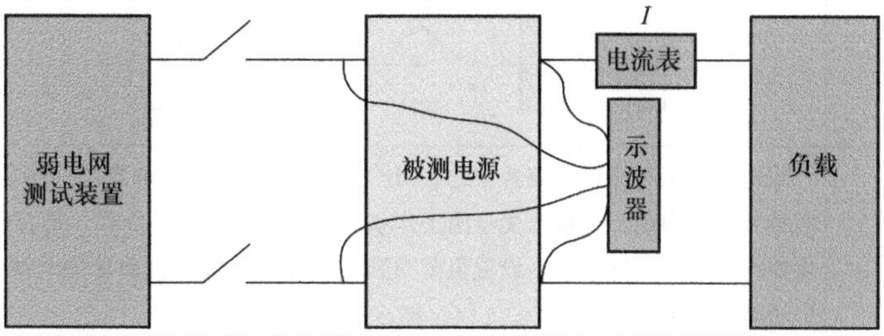
测试方法	使被测开关电源在弱电网供电场景中工作于额定输入、额定输出、空载，逐渐增加负载至满载，观察并记录电源工作状态；设定电源额定输入、额定输出、满载，启动被测开关电源，观察并记录电源启动及工作状态，检查技术指标是否满足规格书要求
注意事项	在弱电网供电下，关注输出杂音电压的验证测试

3.2.14 油机适应性测试

油机适应性测试见表3-25。

表3-25 油机适应性测试

指标定义	被测开关电源对柴油机供电的适应能力
指标来源	行业规范、产品规格书
所需设备	柴油发电机、示波器、负载、电流表
测试条件	依据规格书所规定的输入和输出进行测试
测试框图	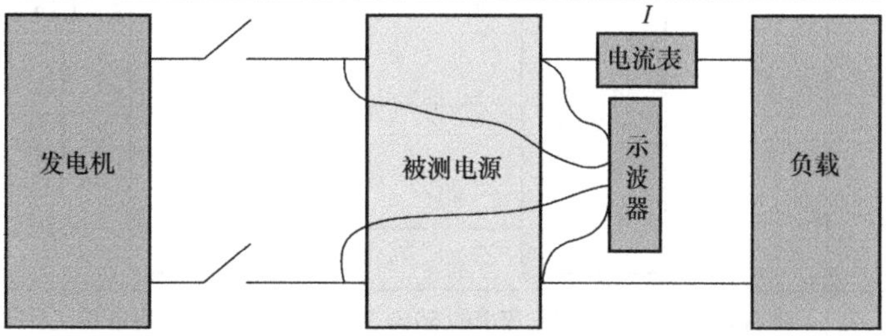
测试方法	使被测电源在油机供电时工作于额定输入、额定输出状态，逐渐增加负载至满载，观察开关电源工作状态，最大能带多大负载，是否保护，记录测试结果。设置负载为满载或合适负载，起动油机，观察被测电源能否正常启动工作、是否存在反复启动，记录测试结果
注意事项	具有模块并机应用场景设计的开关电源系统，务必进行系统满载启动及带载能力的验证测试

3.2.15　交流方波适应性测试

交流方波适应性测试见表3-26。

表3-26　交流方波适应性测试

指标定义	被测开关电源对交流方波供电的启动及带载能力
指标来源	行业规范、产品规格书
所需设备	可编程交流源、示波器、负载、电流表
测试条件	依据规格书所规定的输入和输出进行测试
测试框图	
测试方法	编辑并调用可编程交流源中的50Hz方波波形，使被测电源工作于额定输入、额定输出状态，逐渐增加负载至满载，观察开关电源工作状态，最大能带多大负载、是否保护，改变输入电压大小重复上述操作，记录测试结果；设置负载为满载或合适负载，启动开关电源，观察电源能否正常启动工作，记录测试结果
注意事项	适用于异常波形供电应用场景的开关电源

3.2.16　交流三角波适应性测试

交流三角波适应性测试见表3-27。

表3-27　交流三角波适应性测试

指标定义	被测开关电源对交流三角波供电的启动及带载能力
指标来源	行业规范、产品规格书
所需设备	可编程交流源、示波器、负载、电流表
测试条件	依据规格书所规定的输入和输出进行测试
测试框图	
测试方法	编辑并调用可编程交流源中的50Hz三角波波形，使被测电源工作于额定输入、额定输出状态，逐渐增加负载至满载，观察开关电源工作状态，最大能带多大负载，是否保护，改变输入电压大小重复上述操作，记录测试结果；设置负载为满载或合适负载，启动被测开关电源，观察电源能否正常启动工作
注意事项	适用于异常波形供电应用场景的开关电源

3.2.17　交流阶梯波适应性测试

交流阶梯波适应性测试见表 3-28。

表 3-28　交流阶梯波适应性测试

指标定义	被测开关电源对交流阶梯波供电的启动及带载能力
指标来源	行业规范、产品规格书
所需设备	可编程交流源、示波器、负载、电流表
测试条件	依据规格书所规定的输入和输出进行测试
测试框图	
测试方法	编辑并调用可编程交流源中的 50Hz 阶梯波波形，使被测电源工作于额定输入、额定输出状态，逐渐增加负载至满载，观察开关电源工作状态，最大能带多大负载、是否保护，改变输入电压大小重复上述操作，记录测试结果；设置负载为满载或合适负载，启动被测开关电源，观察开关电源能否正常启动工作，记录测试结果
注意事项	适用于异常波形供电应用场景的开关电源

3.2.18　交流削顶波适应性测试

交流削顶波适应性测试见表 3-29。

表 3-29　交流削顶波适应性测试

指标定义	被测开关电源对交流削顶波供电的启动及带载能力
指标来源	行业规范、产品规格书
所需设备	可编程交流源、示波器、负载、电流表
测试条件	依据规格书所规定的输入和输出进行测试
测试框图	
测试方法	编辑并调用可编程交流源中的 50Hz 削顶波波形，削顶幅度为 5%～50% 额定正弦波峰值，使被测电源工作于额定输入、额定输出状态，逐渐增加负载至满载，观察开关电源工作状态，最大能带多大负载，是否保护，改变输入电压大小重复上述操作，记录测试结果；设置负载为满载或合适负载，启动被测电源，观察电源能否正常启动工作
注意事项	适用于异常波形供电应用场景的开关电源

3.2.19 交流锯齿波适应性测试

交流锯齿波适应性测试见表3-30。

表3-30 交流锯齿波适应性测试

指标定义	被测开关电源对交流锯齿波供电的启动及带载能力
指标来源	行业规范、产品规格书
所需设备	可编程交流源、示波器、负载、电流表
测试条件	依据规格书所规定的输入和输出进行测试
测试框图	
测试方法	编辑并调用可编程交流源中的50Hz锯齿波波形，使被测电源工作于额定输入、额定输出状态，逐渐增加负载至满载，观察开关电源工作状态，最大能带多大负载、是否保护，改变输入电压大小重复上述操作，记录测试结果；设置负载为满载或合适负载，启动被测开关电源，观察电源能否正常启动工作，记录测试结果
注意事项	适用于异常波形供电应用场景的开关电源

3.2.20 交流峰谷毛刺适应性测试

交流峰谷毛刺适应性测试见表3-31。

表3-31 交流峰谷毛刺适应性测试

指标定义	被测开关电源对交流峰值毛刺供电的启动及带载能力
指标来源	行业规范、产品规格书
所需设备	可编程交流源、示波器、负载、电流表
测试条件	依据规格书所规定的输入和输出进行测试
测试框图	
测试方法	编辑并调用可编程交流源中的50Hz峰谷毛刺波形，毛刺宽度在1ms以内，幅值为1~2倍正常峰值，毛刺数量为1~5个，使被测电源工作于额定输入额定输出状态，逐渐增加负载至满载，观察开关电源工作状态，最大能带多大负载、是否保护，改变输入电压大小重复上述操作；设置负载为满载或合适负载，启动被测开关电源，观察电源能否正常启动工作
注意事项	适用于异常波形供电应用场景的开关电源

3.2.21　交流过零毛刺适应性测试

交流过零毛刺适应性测试见表 3-32。

表 3-32　交流过零毛刺适应性测试

指标定义	被测开关电源对交流过零毛刺供电的启动及带载能力
指标来源	行业规范、产品规格书
所需设备	可编程交流源、示波器、负载、电流表
测试条件	依据规格书所规定的输入和输出进行测试
测试框图	
测试方法	编辑并调用可编程交流源中的 50Hz 过零毛刺波形，毛刺宽度在 1ms 以内，幅值为 0.5~1 倍额定电压峰值，毛刺数量为 1~3 个，使被测开关电源工作于额定输入、额定输出状态，逐渐增加负载至满载，观察开关电源工作状态，最大能带多大负载、是否保护，改变输入电压大小重复上述操作；设置负载为满载或合适负载，启动被测开关电源，观察电源启动是否正常
注意事项	适用于异常波形供电应用场景的开关电源

3.2.22　交流高频毛刺适应性测试

交流高频毛刺适应性测试见表 3-33。

表 3-33　交流高频毛刺适应性测试

指标定义	被测开关电源对交流高频毛刺供电的启动及带载能力
指标来源	行业规范、产品规格书
所需设备	可编程交流源、示波器、负载、电流表
测试条件	依据规格书所规定的输入和输出进行测试
测试框图	
测试方法	编辑并调用可编程交流源中的 50Hz 高频毛刺波形，毛刺宽度在 1ms 以内，幅值为 ±20% 波形瞬时值，使被测电源工作于额定输入、额定输出状态，逐渐增加负载至满载，观察开关电源工作状态，最大能带多大负载，是否保护，改变输入电压大小重复上述操作，记录测试结果；设置负载为满载或合适负载，启动开关电源，观察电源能否正常启动工作
注意事项	适用于异常波形供电应用场景的开关电源

3.2.23　交流峰谷尖峰适应性测试

交流峰谷尖峰适应性测试见表3-34。

表3-34　交流峰谷尖峰适应性测试

指标定义	被测开关电源对交流峰值尖峰供电的启动及带载能力
指标来源	行业规范、产品规格书
所需设备	可编程交流源、示波器、负载、电流表
测试条件	依据规格书所规定的输入和输出进行测试
测试框图	
测试方法	编辑并调用可编程交流源中的峰值尖峰波形，交流频率为50Hz，尖峰宽度为1~5ms，尖峰幅值为1.5~2倍额定交流峰值，使被测电源工作于额定输入、额定输出状态，逐渐增加负载至满载，观察开关电源工作状态，最大能带多大负载、是否保护，改变输入电压大小重复上述操作，记录测试结果；设置负载为满载或合适负载，启动被测开关电源，观察电源能否正常启动工作，记录测试结果
注意事项	适用于异常波形供电应用场景的开关电源

3.2.24　交流谐波合成适应性测试

交流谐波合成适应性测试见表3-35。

表3-35　交流谐波合成适应性测试

指标定义	被测开关电源对谐波合成异常波形供电的启动及带载能力
指标来源	行业规范、产品规格书
所需设备	可编程交流源、示波器、负载、电流表
测试条件	依据规格书所规定的输入和输出进行测试
测试框图	
测试方法	调用可编程交流源中的各种比例谐波合成异常波形，使被测开关电源工作于额定输入、额定输出状态，逐渐增加负载至满载，观察开关电源工作状态，最大能带多大负载、是否保护，记录测试结果；设置负载为满载或合适负载，启动开关电源，观察电源能否正常启动工作，记录测试结果
注意事项	适用于3/5/7/9/11次谐波合成异常波形供电应用场景的开关电源

3.2.25 工程现场波形适应性测试

工程现场波形适应性测试见表3-36。

表3-36 工程现场波形适应性测试

指标定义	被测开关电源对工程现场电网供电的启动及带载能力
指标来源	行业规范、产品规格书
所需设备	可编程交流源、示波器、负载、电流表
测试条件	依据规格书所规定的输入和输出进行测试
测试框图	
测试方法	调用可编程输入源中工程合成异常波形,使被测电源工作于额定输入额定输出状态,逐渐增加负载至满载,观察开关电源工作状态,最大能带多大负载、是否保护,记录测试结果;设置负载为满载或合适负载,启动并观察电源能否正常启动工作、是否存在反复启动,记录测试结果
注意事项	利用可编程源编辑功能模拟工程现场采集的异常供电波形

3.2.26 交流双相线输入适应性测试

交流双相线输入适应性测试见表3-37。

表3-37 交流双相线输入适应性测试

指标定义	被测开关电源承受双相线输入的能力
指标来源	行业规范、产品规格书
所需设备	交流源、示波器、负载、电流表
测试条件	依据规格书所规定的输入和输出要求进行测试
测试框图	
测试方法	使被测电源工作于两相输入状态,保持该状态经过规定时间后,恢复额定输入或断开输入后重新额定输入上电,检查电源是否恢复正常工作,正常工作后加载,检查电源基本指标是否满足要求
注意事项	适用于三相星形联结供电系统中掉 N 线的单相开关电源

3.2.27　交流输入电压耐受适应性测试

交流输入电压耐受适应性测试见表 3-38。

表 3-38　交流输入电压耐受适应性测试

指标定义	被测开关电源对输入最高极限电压的适应能力，如 AC 415V 有效值耐受、500V 峰值耐受、530V 峰值耐受要求等
指标来源	行业规范、产品规格书
所需设备	输入源、电压表、负载、电流表
测试条件	依据规格书所规定的输入耐受电压进行测试
测试框图	
测试方法	使被测电源工作于额定输入、额定输出状态，逐渐调高输入电压至输入耐受电压值，保持该状态经过规定时间后恢复额定输入或断开输入后重新额定输入上电，检查电源是否恢复正常工作，正常工作后加载，检查电源基本指标是否满足要求
注意事项	适用于具有输入高压防护设计的开关电源

3.2.28　交流输入高压防护适应性测试

交流输入高压防护适应性测试见表 3-39。

表 3-39　交流输入高压防护适应性测试

指标定义	被测开关电源承受高压输入的防护能力
指标来源	行业规范、产品规格书
所需设备	可编程交流源、示波器、负载、电流表
测试条件	依据规格书所规定的输入高压防护电压进行测试
测试框图	
测试方法	使被测电源工作于额定输入、额定输出状态，逐渐调高输入电压至输入高压防护电压值，保持该状态经过规定时间后恢复额定输入或断开输入后重新额定输入上电，检查电源是否恢复正常工作，正常工作后加载，检查电源基本指标是否满足要求
注意事项	适用于具有输入高压防护设计的开关电源

3.2.29 交流操作过电压适应性测试

交流操作过电压适应性测试见表3-40。

表3-40 交流操作过电压适应性测试

指标定义	被测开关电源承受操作过电压的能力
指标来源	电网中存在多种操作过电压，其中最常见的是空载线路合闸过电压，这种过电压对开关电源的威胁较大，合闸 U_C 波形如下图所示： 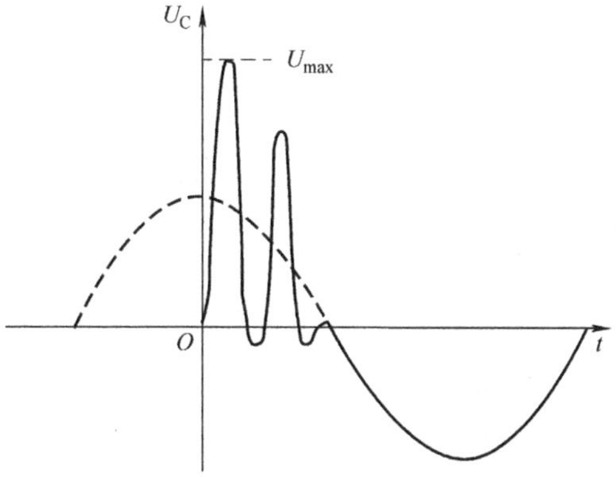 操作过电压的单相简化电路如下图所示，图中参数有两种，一种是电阻值为0Ω、电感为8mH，另一种是电阻为79Ω、电感为10mH，电容为16.7μF 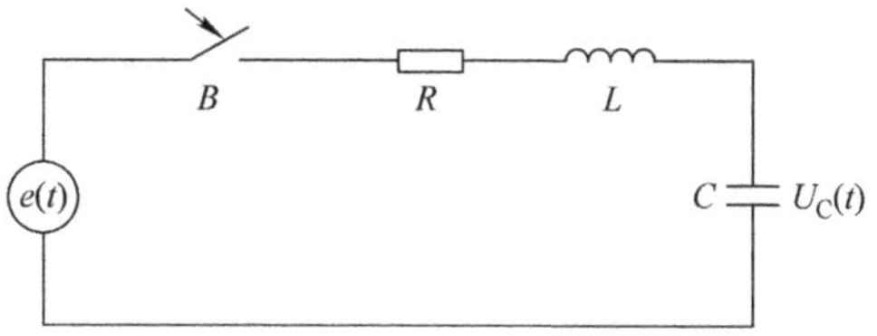
所需设备	交流源、过电压装置、示波器、负载、电流表
测试条件	依据规格书所规定的输入和输出要求进行测试
测试框图	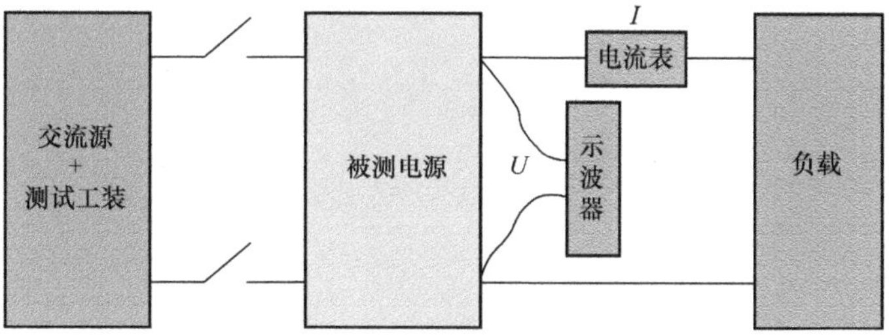
测试方法	将被测开关电源连接在测试工装电容两端，在合闸瞬间，在电容两端会产生操作过电压作用于设备；对被测电源进行频繁开、关机，重复频率为1次/5min，连续测试5h，试验后记录电源状态
注意事项	三相交流输入类型开关电源按此方法执行

3.2.30 交流输入倍压适应性测试

交流输入倍压适应性测试见表 3-41。

表 3-41 交流输入倍压适应性测试

指标定义	被测开关电源承受输入倍压承受能力
指标来源	行业规范、产品规格书
所需设备	可编程交流源、示波器、负载、电流表
测试条件	依据规格书所规定的输入高压防护电压进行测试
测试框图	
测试方法	使被测电源工作于额定输入、额定输出状态，逐渐调高输入电压至 2 倍额定输入电压值，保持该状态经过规定时间后，恢复额定输入或断开输入后重新额定输入上电，检查电源是否恢复正常工作，正常工作后施加负载，检查电源基本指标是否满足要求
注意事项	适用于具有输入倍压防护设计的开关电源

第4章 开关电源输出适应性测试

输出适应性测试是指开关电源对输出负载类型和输出负载变动的适应能力,在输出类型和输出参数变动时,开关电源的工作功能和性能可能会降低,但无论输出类型和输出参数如何变动,开关电源都不应出现损坏现象。在单点故障下,开关电源不应出现起火、冒烟、熔融金属析出现象。输出适应性能高低是开关电源输出可靠性的体现。

4.1 直流输出适应性测试

4.1.1 恒阻负载适应性测试

恒阻负载适应性测试见表4-1。

表4-1 恒阻负载适应性测试

指标定义	被测开关电源对恒阻模式负载的适应能力
指标来源	产品规格书
所需设备	输入源、电子负载、示波器、电流表
测试条件	依据规格书所规定的输入和输出要求测试,默认按额定输入额定输出电压满载测试
测试框图	
测试方法	设置负载为恒阻模式,使开关电源额定输入、额定输出满载启动,用示波器检测电源输出启动波形及电源工作状态。使开关电源为额定输入额定输出空载启动,逐渐增加负载至最大载,测试过程中观察并记录开关电源工作状态;使开关电源为额定输入额定输出空载启动,分别进行 25%~50%、50%~75%、0~100% 负载动态切换,测试过程中观察并记录电源工作状态,给出开关电源对恒阻负载的适应情况
注意事项	适用于输出带恒阻模式负载的开关电源

4.1.2   恒流负载适应性测试

恒流负载适应性测试见表4-2。

表 4-2   恒流负载适应性测试

指标定义	被测开关电源对恒流模式负载的适应能力
指标来源	产品规格书
所需设备	输入源、电子负载、示波器、电流表
测试条件	依据规格书所规定的输入和输出要求测试，默认按额定输入、额定输出电压满载测试
测试框图	
测试方法	设置负载为恒流模式，使开关电源额定输入、额定输出、满载启动，用示波器检测电源输出启动波形及电源工作状态；使开关电源为额定输入、额定输出、空载启动，逐渐增加负载至最大负载，测试过程中观察并记录电源工作状态；使开关电源为额定输入额定输出空载启动，分别进行25%～50%、50%～75%、0～100%负载动态切换，给出开关电源对恒流负载的适应情况
注意事项	适用于输出带恒流模式负载的开关电源

4.1.3   恒功率负载适应性测试

恒功率负载适应性测试见表4-3。

表 4-3   恒功率负载适应性测试

指标定义	被测开关电源对恒功率模式负载的适应能力
指标来源	产品规格书
所需设备	输入源、电子负载、示波器、电流表
测试条件	依据规格书所规定的输入和输出要求测试，默认按额定输入、额定输出电压满载测试
测试框图	
测试方法	设置负载为恒功率模式，使开关电源额定输入、额定输出、满载启动，用示波器检测电源输出启动波形及电源工作状态；使开关电源为额定输入、额定输出、空载启动，逐渐增加负载至最大负载，测试过程中观察并记录电源工作状态；使开关电源为额定输入额定输出空载启动，分别进行25%～50%、50%～75%、0～100%负载动态切换；给出开关电源对恒功率负载适应情况
注意事项	适用于输出带恒功率模式负载的开关电源

4.1.4　电池负载适应性测试

电池负载适应性测试见表4-4。

表4-4　电池负载适应性测试

指标定义	被测开关电源对电池负载的适应能力
指标来源	产品规格书
所需设备	输入源、示波器、电池、电流表
测试条件	依据规格书所规定的输入和输出要求测试
测试框图	
测试方法	使开关电源额定输入、额定输出启动，用示波器检测电源输出启动波形及电源工作状态；使开关电源为额定输入、额定输出、空载启动，突加电池负载，观察并记录电源工作状态，给出电源对电池负载的适应情况
注意事项	适用于输出连接电池的开关电源，测试中需保证电池充电电流不得大于电池所能承受的最大充电电流

4.1.5　容性负载适应性测试

容性负载适应性测试见表4-5。

表4-5　容性负载适应性测试

指标定义	被测开关电源对容性负载适应能力的大小
指标来源	行业规范、产品规格书
所需设备	输入源、负载、示波器、大电容装置、电流表
测试条件	依据规格书所规定的输入电压、输出电压和输出负载要求
测试框图	
测试方法	电容并入电源输出端，设置被测电源额定输入、额定输出、满载工作，闭合电源输入，观察电源在启动过程中输出电压波形变化，是否单调、是否有回勾、是否存在重启等现象；断开电容，待电容放电完成后，再次切入电容，记录电源工作状态及输出波形变化。给出电源对容性负载适应性
注意事项	1）施加容性负载时，电子负载采用恒阻模式进行测试 2）适用于直流输出的开关电源，电容切入前确保电容已完全放电 3）一般服务器电源负载容性值采用22000μF，模块电源负载容性值采用470～10000μF不等，其他开关电源容性值采用产品规格书要求值

4.1.6　容性负载极限测试

容性负载极限测试见表4-6。

表4-6　容性负载极限测试

指标定义	被测开关电源对容性负载适应能力的极限
指标来源	产品规格书
所需设备	输入源、负载、示波器、大电容装置、电流表
测试条件	依据规格书所规定的输入电压、输出电压和输出负载要求
测试框图	
测试方法	以10%电容容量为步长并入电源输出端，设置被测电源额定输入、额定输出、满载工作，闭合电源输入，观察电源在启动过程中输出电压波形变化，是否单调、是否有回勾、是否存在重启等现象；断开电容，待电容放电完成后，再次切入电容，观察并记录电源工作状态及输出波形变化；直到电源启动或施加负载出现异常，记录此时的电容值
注意事项	适用于 POL 开关电源

4.1.7　绝对空载适应性测试

绝对空载适应性测试见表4-7。

表4-7　绝对空载适应性测试

指标定义	被测开关电源在绝对空载工作时的可靠性情况，如由于校准误差引起空载或轻载并机工作时某些开关电源处于绝对空载状态
指标来源	产品规格书
所需设备	输入源、电压表、DC 可调直流源、分流器
测试条件	依据规格书所规定的输入电压、输出电压和输出负载要求
测试框图	
测试方法	设置被测电源额定输入、额定输出、空载工作，调节直流源至电源输出电压值附近，闭合输出端开关，再逐渐调高直流源使电源工作于绝对空载状态，持续测试规定试验时间，断开开关，观察并记录电源工作状态
注意事项	适用于存在绝对空载工况且影响可靠性的开关电源

4.1.8　轻微负载适应性测试

轻微负载适应性测试见表4-8。

表4-8　轻微负载适应性测试

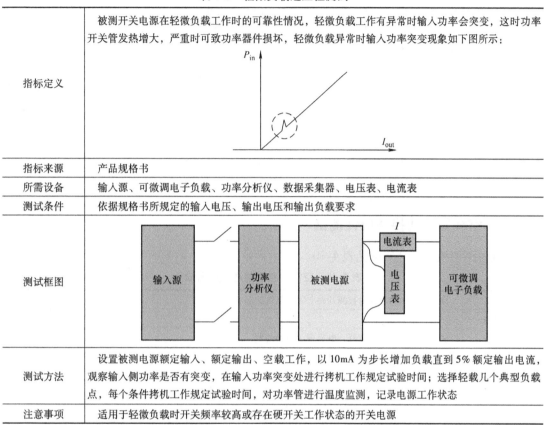

指标定义	被测开关电源在轻微负载工作时的可靠性情况，轻微负载工作有异常时输入功率会突变，这时功率开关管发热增大，严重时可致功率器件损坏，轻微负载异常时输入功率突变现象如下图所示：
指标来源	产品规格书
所需设备	输入源、可微调电子负载、功率分析仪、数据采集器、电压表、电流表
测试条件	依据规格书所规定的输入电压、输出电压和输出负载要求
测试框图	
测试方法	设置被测电源额定输入、额定输出、空载工作，以 10mA 为步长增加负载直到 5% 额定输出电流，观察输入侧功率是否有突变，在输入功率突变处进行拷机工作规定试验时间；选择轻载几个典型负载点，每个条件拷机工作规定试验时间，对功率管进行温度监测，记录电源工作状态
注意事项	适用于轻微负载时开关频率较高或存在硬开关工作状态的开关电源

4.1.9　负载大动态适应性测试

负载大动态适应性测试见表4-9。

表4-9　负载大动态适应性测试

指标定义	被测开关电源输出负载大动态变化对电源可靠性的影响
指标来源	产品规格书
所需设备	输入源、电子负载、示波器、电流表
测试条件	依据规格书所规定的输出电压和输出负载变化要求
测试框图	

（续）

测试方法	设置电源为额定输入、额定输出工作，设置负载0~100%动态变化，测量并记录加载和减载时电压超调量及恢复时间。设置负载0~最大负载动态变化，测量并记录加载和减载时电压超调量及恢复时间；设置负载0~限流动态变化，测量并记录加载和减载时电压超调量及恢复时间；设置负载0~限流回缩动态变化，测量并记录加载和减载时电压超调量及恢复时间；同时测试并记录大负载长期切换对电源可靠性的影响
注意事项	1）示波器带宽设置为20MHz，取样模式 2）负载电流变化率设定为0.1A/μs、0.2A/μs、2A/μs或规格书要求 3）若开关电源设计有恒压控制环、恒功率控制环、恒流控制环和回缩控制环等，在负载动态测试中要覆盖这些工作状态，并进行不同工作状态之间的动态切换

4.1.10 空载短路切换适应性测试

空载短路切换适应性测试见表4-10。

表4-10 空载短路切换适应性测试

指标定义	输出空载短路切换对被测开关电源可靠性的影响
指标来源	产品规格书
所需设备	输入源、负载、示波器、电流表、短路装置
测试条件	依据规格书所规定的输出电压和输出负载变化要求
测试框图	
测试方法	设置电源为额定输入、额定输出工作，设置负载空载~短路动态切换，持续时间为10s或其他规定值，观察并记录电源状态；试验后额定输入额定输出、满载工作，观察并记录电源状态
注意事项	1）示波器带宽设置为20MHz，取样模式 2）短路线缆尽量粗短，短路阻抗应小于0.1Ω 3）短路装置可采用直流/交流接触器和可编程定时器制作，长期使用后须检查接触器闭合时的阻抗变化，以判断是否可继续使用

4.1.11　满载短路切换适应性测试

满载短路切换适应性测试见表 4-11。

表 4-11　满载短路切换适应性测试

指标定义	输出满载短路切换对被测开关电源可靠性的影响
指标来源	产品规格书
所需设备	输入源、电子负载、示波器、电流表
测试条件	依据规格书所规定的输出电压和输出负载变化要求
测试框图	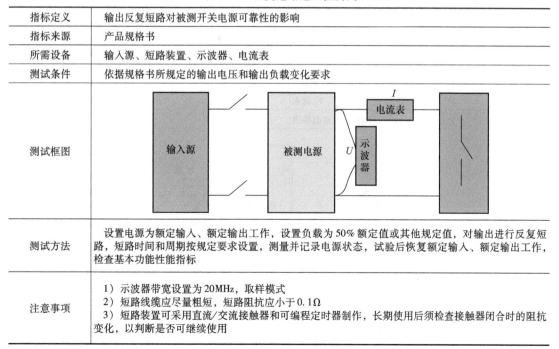
测试方法	设置电源为额定输入、额定输出工作，设置负载满载～短路动态切换，持续时间 10s 或其他规定值，观察并记录电源状态；试验后，额定输入、额定输出、满载工作，观察并记录电源状态
注意事项	1）示波器带宽设置为 20MHz，取样模式 2）短路线缆应尽量粗短，短路阻抗应小于 0.1Ω 3）短路装置可采用直流/交流接触器和可编程定时器制作

4.1.12　反复短路适应性测试

反复短路适应性测试见表 4-12。

表 4-12　反复短路适应性测试

指标定义	输出反复短路对被测开关电源可靠性的影响
指标来源	产品规格书
所需设备	输入源、短路装置、示波器、电流表
测试条件	依据规格书所规定的输出电压和输出负载变化要求
测试框图	
测试方法	设置电源为额定输入、额定输出工作，设置负载为 50% 额定值或其他规定值，对输出进行反复短路，短路时间和周期按规定要求设置，测量并记录电源状态，试验后恢复额定输入、额定输出工作，检查基本功能性能指标
注意事项	1）示波器带宽设置为 20MHz，取样模式 2）短路线缆应尽量粗短，短路阻抗应小于 0.1Ω 3）短路装置可采用直流/交流接触器和可编程定时器制作，长期使用后须检查接触器闭合时的阻抗变化，以判断是否可继续使用

4.1.13　长期短路适应性测试

长期短路适应性测试见表4-13。

表4-13　长期短路适应性测试

指标定义	被测开关电源输出短路对电源可靠性的影响
指标来源	产品规格书
所需设备	输入源、短路装置、示波器、电流表
测试条件	依据规格书所规定的输入和输出要求
测试框图	
测试方法	设置电源为额定输入、额定输出工作，设置输出短路，持续测试规定试验时间，去除短路故障，观察并记录电源是否恢复工作及工作状态
注意事项	1）短路线缆应尽量粗短，短路阻抗应小于0.1Ω 2）短路装置可采用直流/交流接触器和可编程定时器制作，长期使用后须检查接触器闭合时的阻抗变化，以判断是否可继续使用

4.1.14　短路开机适应性测试

短路开机适应性测试见表4-14。

表4-14　短路开机适应性测试

指标定义	被测开关电源输出短路开机对电源可靠性的影响
指标来源	产品规格书
所需设备	输入源、短路装置、示波器、电流表
测试条件	依据规格书所规定的输入和输出要求
测试框图	
测试方法	设置电源输出端负载为短路状态，接通额定输入电压，观察并记录电源状态，若无反应持续测试5min以上，去除短路故障，观察并记录电源是否恢复工作，检查技术指标是否符合要求
注意事项	短路线缆应尽量粗短，短路阻抗应小于0.1Ω

4.1.15　电池倒灌适应性测试

电池倒灌适应性测试见表 4-15。

表 4-15　电池倒灌适应性测试

指标定义	电池倒灌对被测开关电源可靠性的影响
指标来源	产品规格书
所需设备	电池、示波器、分流器
测试条件	电源不接输入电压，并进行短路故障模拟预处理
测试框图	
测试方法	人为设置电源输出功率管短路（建议采用高压击穿致功率管短路），闭合电池开关，观察并记录电池经电源输出灌入电源内部，观察是否引起起火、冒烟或金属熔融，若没有反应，试验持续进行 5min 以上
注意事项	1）适应于外接电池应用的开关电源 2）该试验有起火风险，应准备干粉灭火器备用

4.1.16　电池反接适应性测试

电池反接适应性测试见表 4-16。

表 4-16　电池反接适应性测试

指标定义	输出电池反接对被测开关电源可靠性的影响
指标来源	产品规格书
所需设备	输入源、负载、电压表、电池、分流器
测试条件	依据规格书所规定的输出电压要求
测试框图	
测试方法	设置并启动电源额定输入、额定输出、空载工作，闭合电池开关，观察电源状态，记录测试结果
注意事项	适合用直流输出外接电池的开关电源，不具有反接防护的开关电源禁止进行本项测试

4.2 交流输出适应性测试

4.2.1 RCD 负载适应性测试

RCD 负载适应性测试见表 4-17。

表 4-17　RCD 负载适应性测试

指标定义	被测开关电源对 RCD 负载的适应能力
指标来源	RCD 负载是一种非线性模拟负载，可用来测试数据中心发电机组和 UPS 等供电设备，了解其带计算机、网络设备等非线性负载时的真实工作能力，通过对电源输出功率和质量的精确检测，可避免其在实际使用时无法带动负载或对电网造成污染，从而保障供电安全
所需设备	输入源、RCD 负载、示波器、功率分析仪
测试条件	依据规格书所规定的输入和输出要求测试
测试框图	输入源 — 被测电源 — L/N — 功率分析仪 — 示波器 — RCD 负载
测试方法	启动开关电源，额定输入、额定输出，在负载基准功率因数下逐渐调节负载阻值改变负载大小，在典型负载点对输出电压、电流、有功功率、无功功率、视在功率、功率因数、电流总谐波失真、频率等电气参数进行测量，并进行多次带载开关机测试，观察启动过程及输出电压波形变化情况；通过 RCD 负载调节不同功率因数，重复上述操作，给出开关电源对 RCD 负载的适应情况
注意事项	适用于输出为交流的开关电源

4.2.2 防孤岛适应性测试

防孤岛适应性测试见表 4-18。

表 4-18　防孤岛适应性测试

指标定义	被测开关电源并网时的防孤岛适应特性 公共电网因多种原因而停电，若并网电源不与电网隔离继续工作，将给用户侧设备造成损坏、影响电网正常恢复并给线路工作人员带来危险等，这种不受电力管理部门控制的非计划孤岛发生，状态不受控是不允许的
指标来源	NB/T 32010，GB/T 29319
所需设备	电网模拟装置、功率分析仪、输入源、RLC 负载
测试条件	依据规格书所规定的输出电压和负载要求测试
测试框图	输入源（U_{DC}、I_{DC}、P_{DC}）— 被测电源 — U_{EUT} I_{EUT} P_{EUT} Q_{EUT} — S2 — RLC 负载；S1 — I_{AC} P_{AC} Q_{AC} — 电网模拟装置

（续）

测试方法	1）根据 NB/T 32010 标准要求确定被测电源的输出功率 P_{EUT}，在测试过程中，可按测试方便的原则任意安排 A、B、C 的测试顺序 2）调节直流源，使被测电源工作于 P_{EUT}，合上开关 S1。在交流负载不接入的情况下（S2 开路，此时未连接 RLC 负载）将被测电源接入测试系统，开启被测电源，使其在步骤 1 确定的输出条件下运行，测量基频 50Hz 下的有功功率 P_{AC} 和无功功率 Q_{AC}，本步骤测得的无功功率 Q_{AC} 在接下来的测试中将作为 Q_{EUT} 3）关闭被测电源并断开开关 S1 4）调整 RLC 电路，使 Q_f 满足 $Q_f = 1.0 \pm 0.05$ 5）闭合开关 S2，将在步骤 4 中确定的 RLC 负载电路与被测电源接合，再闭合开关 S1，启动被测电源，确定输出功率为步骤 1 所确定的功率，调整 R、L、C，确保流过 S1 的每一相电流 I_{AC} 的基频分量为 0A，允许误差为不超过被测电源恒定状态额定电流的 ±1% 6）切断开关 S1 启动试验，记录切断 S1 开始直至被测电源输出降低并维持在其额定输出电流值的 ±1% 以内所需时间，记为孤岛运行时间 t_R 7）根据 NB/T 32010 标准要求中的检测条件 A（100%），调整负载的有功功率和无功功率使其达到标准给出的各负载不平衡条件；标准中的值表征的是步骤 4 和 5 所确定标称值 P_{EUT}、Q_{EUT} 的变化量，以与这些标称值的百分比表示；标准中的值给出的流过开关 S1 的有功功率和无功功率偏差百分比，正值代表功率流从被测电源到交流，负值代表功率流从交流到被测电源；每次调整后都要进行孤岛检测和记录孤岛作用时间；如果任一次测得的孤岛作用时间超过了额定平衡条件下测得的孤岛作用时间，则需要按照非阴影区的条件参数进行检测；如果在不平衡条件下的孤岛运行时间没有超过平衡条件下得到的孤岛时间，可认为本部分的测试已完成 8）对于检测条件 B 和 C，只需调整负载的无功功率，在标准中给出的工作点的 95% ~105% 总范围内调整，每次试验调整量约 1%。给出流过图中开关 S1 的有功功率、无功功率偏差百分比，正值代表功率流从被测电源到交流，每次调整之后都要进行孤岛检测和记录孤岛作用时间。如果在 95% ~ 105% 范围内的各点上，孤岛作用时间仍然增加，再以 1% 的增量继续进行测试，直至孤岛作用时间开始下降。如果被测电源具备输出功率调节功能，检测条件 C 宜通过被测电源自身控制措施控制输出功率来实现，而不是通过限制直流电源的输出来实现
注意事项	适用于输出为交流且可并网的开关电源

4.2.3　电网中断适应性测试

电网中断适应性测试见表 4-19。

表 4-19　电网中断适应性测试

指标定义	被测开关电源并网时断网的适应特性
指标来源	产品规格书
所需设备	输入源、功率分析仪、电网模拟装置、示波器
测试条件	依据规格书所规定的输出电压和负载要求测试
测试框图	
测试方法	设置电源额定输入电压、额定输入功率，启动电源使其工作在并网状态，关闭电网模拟器输出，使被测电源断开电网连接，用示波器测量电源输出电压波形和断网保护的响应时间
注意事项	1）适用于输出为交流且可并网的开关电源 2）具有输出功率调节功能的电源按输出功率设置 3）对三相输出也采用类似的检测方法

4.2.4 恢复并网适应性测试

恢复并网适应性测试见表4-20。

表4-20 恢复并网适应性测试

指标定义	被测开关电源断网后恢复并网的适应特性
指标来源	产品规格书
所需设备	输入源、功率分析仪、电网模拟装置、示波器
测试条件	依据规格书所规定的输出电压和负载要求测试
测试框图	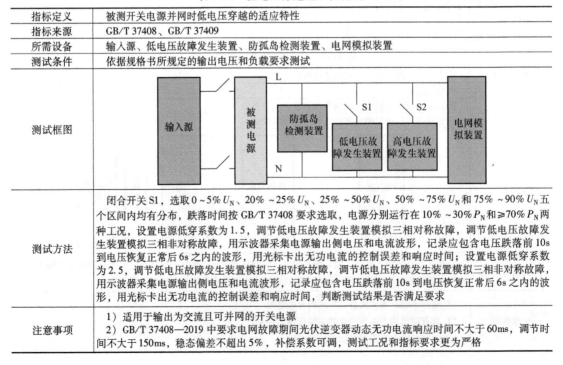
测试方法	闭合开关，设置电源额定输入电压、额定输入功率，启动电源使其工作在并网状态，调节电网模拟器使被测电源断电电网，再调节电网模拟器使被测电源恢复电网连接，用示波器测量电源并网输出电流和并网电压波形，用光标卡出恢复并网的响应时间；具有恢复并网时间可设置的开关电源，分别在可设置参数范围内选择典型时间参数进行测试
注意事项	1）适用于输出为交流且可并网的开关电源 2）具有输出功率调节功能的电源按输出功率设置 3）对三相输出也采用类似的检测方法

4.2.5 低电压穿越适应性测试

低电压穿越适应性测试见表4-21。

表4-21 低电压穿越适应性测试

指标定义	被测开关电源并网时低电压穿越的适应特性
指标来源	GB/T 37408、GB/T 37409
所需设备	输入源、低电压故障发生装置、防孤岛检测装置、电网模拟装置
测试条件	依据规格书所规定的输出电压和负载要求测试
测试框图	
测试方法	闭合开关 S1，选取 $0 \sim 5\% U_N$、$20\% \sim 25\% U_N$、$25\% \sim 50\% U_N$、$50\% \sim 75\% U_N$ 和 $75\% \sim 90\% U_N$ 五个区间内均有分布，跌落时间按 GB/T 37408 要求选取，电源分别运行在 $10\% \sim 30\% P_N$ 和 $\geqslant 70\% P_N$ 两种工况，设置电源低穿系数为1.5，调节低电压故障发生装置模拟三相对称故障，调节低电压故障发生装置模拟三相非对称故障，用示波器采集电源输出侧电压和电流波形，记录应包含电压跌落前10s到电压恢复正常后6s之内的波形，用光标卡出无功电流的控制误差和响应时间；设置电源低穿系数为2.5，调节低电压故障发生装置模拟三相对称故障，调节低电压故障发生装置模拟三相非对称故障，用示波器采集电源输出侧电压和电流波形，记录应包含电压跌落前10s到电压恢复正常后6s之内的波形，用光标卡出无功电流的控制误差和响应时间，判断测试结果是否满足要求
注意事项	1）适用于输出为交流且可并网的开关电源 2）GB/T 37408—2019 中要求电网故障期间光伏逆变器动态无功电流响应时间不大于 60ms，调节时间不大于 150ms，稳态偏差不超出 5%，补偿系数可调，测试工况和指标要求更为严格

4.2.6　高电压穿越适应性测试

高电压穿越适应性测试见表 4-22。

表 4-22　高电压穿越适应性测试

指标定义	被测开关电源并网时高电压穿越的适应特性
指标来源	GB/T 37408、GB/T 37409
所需设备	输入源、高电压故障发生装置、防孤岛检测装置、电网模拟装置
测试条件	依据规格书所规定的输出电压和负载要求测试
测试框图	
测试方法	闭合开关 S2，选取 115%～120% U_N 和 125%～130% U_N 两个区间内选择两个点，抬升时间按 GB/T 37408 要求选取，电源分别运行在 10%～30% P_N 和 ≥70% P_N 两种工况，且每种工况应在电源输入额定运行电压和最低运行电压两种条件下测试。设置电源高穿系数为 0，调节高电压故障发生装置模拟三相对称故障，用示波器采集电源输出侧电压和电流波形，记录应包含电压跌落前 10s 到电压恢复正常后 6s 之内的波形，用光标卡出无功电流的控制误差和响应时间；设置电源高穿系数为 1.5，调节高电压故障发生装置模拟三相对称故障，用示波器采集电源输出侧电压和电流波形，记录应包含电压跌落前 10s 到电压恢复正常后 6s 之内的波形，用光标卡出无功电流的控制误差和响应时间，判断测试结果是否满足要求
注意事项	1）适用于输出为交流且可并网的开关电源 2）最低运行电压为电源满足高穿要求的直流最低运行电压 3）GB/T 37408—2019 中要求电网故障期间光伏逆变器动态无功电流响应时间不大于 60ms，调节时间不大于 150ms，稳态偏差不超出 5%，补偿系数可调，测试工况和指标要求更为严格

第5章 开关电源环境适应性测试

环境适应性是把开关电源暴露在自然的或人工的环境条件下，包括预期中的使用、运输或贮存的所有环境，并经受其作用，以评价开关电源在实际使用、运输和贮存的环境条件下的功能、性能和可靠性等指标状况，分析研究环境因素的影响程度及其作用机理，并实施改进优化措施。环境适应性能高低是开关电源环境可靠性的体现。

5.1 气候环境适应性测试

5.1.1 高温贮存测试

高温贮存测试见表5-1。

表5-1 高温贮存测试

指标定义	高温贮存对被测开关电源功能性能的影响，如阻值变化导致电性能改变、表面降解等
指标来源	行业规范、产品规格书
所需设备	输入源、负载、高低温试验箱、电压表、电流表
测试条件	贮存时无包装、不通电
测试框图	
测试方法	试验前对被测开关电源的基本功能性能指标进行初始测试，记录测试结果；将电源置于高低温试验箱中，无包装、不通电，设定试验温度为（70±2）℃或规定温度，持续测试规定试验时间；试验后恢复常温，检测电源满载启动及工作状态，对基本功能性能指标进行最终测试，记录测试结果，与初始检测结果进行对比，判断测试结果是否满足要求
注意事项	试验过程和试验后，电源性能不能出现降级与退化现象

5.1.2　高温工作测试

高温工作测试见表 5-2。

表 5-2　高温工作测试

指标定义	被测开关电源高温工作特性 在高温条件下，产品所使用零件、材料在高温时可能发生软化、效能降低、特性改变、潜在破坏、氧化等现象
指标来源	IEC 60068 - 2 - 2、MIL - STD - 810F、GJB 4.2、GB/T 13543
所需设备	输入源、负载、高低温试验箱、电压表、电流表
测试条件	依据规格书所规定的输入和输出要求测试
测试框图	
测试方法	试验前对被测开关电源的基本功能性能指标进行初始测试，记录测试结果；将开关电源置于高低温试验箱中，设置额定输入额定输出满载工作，设定试验温度为（50 ±2）℃或规定值，持续测试规定试验时间，试验中进行多次开关机，观察并记录电源启动过程及工作状态；试验后恢复至常温，对基本功能性能指标进行最终测试，判断结果是否满足要求
注意事项	试验过程和试验后，电源性能不能出现降级与退化现象

5.1.3　低温贮存测试

低温贮存测试见表 5-3。

表 5-3　低温贮存测试

指标定义	低温贮存对被测开关电源功能性能的影响，如阻值变化导致电性能改变、金属变脆等
指标来源	行业规范、产品规格书
所需设备	输入源、负载、高低温试验箱、电压表、电流表
测试条件	贮存时无包装、不通电
测试框图	
测试方法	试验前对被测开关电源的基本功能性能指标进行初始测试，记录测试结果；将电源置于高低温试验箱中，无包装、不通电，设定试验温度为（ -40 ±2）℃或规定值，持续测试规定试验时间；试验后恢复常温，检测电源满载启动及工作状态，对基本功能性能指标进行最终测试，记录测试结果，与初始测试结果进行对比，判断测试结果是否满足要求
注意事项	试验过程和试验后，电源性能不能出现降级与退化现象

5.1.4 低温启动测试

低温启动测试见表5-4。

表5-4 低温启动测试

指标定义	被测开关电源低温贮存后的启动开机特性
指标来源	行业规范、产品规格书
所需设备	输入源、负载、示波器、高低温试验箱、电流表
测试条件	依据规格书所规定的输入和输出要求测试
测试框图	
测试方法	将电源置于高低温试验箱中，-40℃（或规格书要求）连续贮存8h以上；设置电源为额定输入，启动电源满载工作，观察并记录电源启动过程，连续进行多次启动，每次间隔至少5min，判断是否满足要求
注意事项	试验过程和试验后，电源性能不能出现降级与退化现象

5.1.5 低温工作测试

低温工作测试见表5-5。

表5-5 低温工作测试

指标定义	被测开关电源低温工作特性 低温条件下产品所使用零件、材料在低温时可能发生龟裂、脆化、可动部件卡死、特性改变等现象
指标来源	GB/T 2423.1、IEC 60068 - 2 - 1、GJB 150.3A、JB 367.2 - 87、GJB 4.3 - 83、GJB 367A - 2001、GB/T 13543 - 92、GB/T 13543 - 92
所需设备	输入源、负载、高低温试验箱、电压表、电流表
测试条件	依据规格书所规定的输入和输出要求测试
测试框图	
测试方法	试验前对被测开关电源的基本功能性能指标进行初始测试，记录测试结果；将电源置于高低温试验箱中，设置额定输入、额定输出、满载工作，设定试验温度为（-40±2）℃或规定值，持续测试规定试验时间，观察并记录电源工作状态。试验中进行 N 次开关机，观察并记录启动过程及工作状态。试验后恢复至常温，对开关电源基本功能性能指标进行最终测试，判断测试结果是否满足要求
注意事项	试验过程和试验后，电源性能不能出现降级与退化现象

5.1.6　温度循环测试

温度循环测试见表 5-6。

表 5-6　温度循环测试

指标定义	被测开关电源在不同环境条件下的适应能力
指标来源	GB/T 2423.22、IEC 60068-2-14、GJB 150.5A、GJB 360B、IPC 9592
所需设备	输入源、负载、高低温试验箱、电压表、电流表
测试条件	依据规格书所规定的输入和输出要求测试
测试框图	
测试方法	试验前对被测开关电源的基本功能性能指标进行初始测试，记录测试结果。电源置于高低温试验箱中，设置额定输入、额定输出满载工作，设定试验箱环境温度为（50±2）℃规定试验时间/（-10±2）℃规定试验时间切换或规定值之间切换，温度变化率<3℃/min，进行三个高低温变化循环，测试中观察并记录电源启动过程及工作状态；试验后恢复常温，对基本功能性能指标进行最终测试，判断测试结果是否满足要求
注意事项	1）按产品应用决定是否进行非工作状态测试 2）试验过程和试验后，电源性能和外观不能出现降级与退化现象

5.1.7　快速温变测试

快速温变测试见表 5-7。

表 5-7　快速温变测试

指标定义	被测开关电源在不同环境温度快速变化条件下的适应能力
指标来源	GB/T 2423.34、IEC 60068-2-38、GJB 150.5、IPC 9592
所需设备	输入源、负载、高低温试验箱、电压表、电流表
测试条件	依据规格书所规定的输入和输出要求测试
测试框图	
测试方法	试验前对被测开关电源的基本功能性能指标进行初始测试，记录测试结果；电源置于高低温试验箱中，设置额定输入额定输出满载工作，设定试验箱环境温度为（50±2）℃规定试验时间/（-10±2）℃规定试验时间切换或规定值之间切换，温度变化率为15~20℃/min，进行三个高低温循环，观察并记录启动过程及工作状态；试验后恢复常温，对基本功能性能指标进行最终测试，判断测试结果是否满足要求
注意事项	1）按产品应用决定是否进行非工作状态测试 2）试验过程和试验后，电源性能和外观不能出现降级与退化现象

5.1.8　冷热冲击测试

冷热冲击测试见表5-8。

表5-8　冷热冲击测试

指标定义	被测开关电源冷热冲击工作特性 冷热冲击试验是一个加速试验，可不要求带电工作，主要评估产品对极限温度和循环处于极限温度时的耐受力，观察由于热膨胀系数不同引起的尺寸变化，以及伴随而来的材料特性的密闭性的变化。这种测试可以发现如表面断裂、分层、封装破裂、电特性改变和填充物泄漏等问题；热冲击测试分为工作和非工作状态两种，工作状态下相对于非工作状态下的要求是要低一些的，其中必须要注意的是温度变的时间，一般不超过5min，如果不能实现则需要用液体来做，但是这又要注意试验产品是否具有防水能力，否则就不能采用
指标来源	GB/T 2423.22、GJB 150.5、GJB 360.7、GJB 367.2、IPC 9592
所需设备	输入源、负载、高低温试验箱、电压表、电流表
测试条件	依据规格书所规定的输入和输出要求测试
测试框图	
测试方法	试验前对被测开关电源的基本功能性能指标进行初始测试，记录测试结果；电源置于高低温试验箱中，额定输入、额定输出、满载工作，设定试验高温55℃规定试验时间，低温－40℃规定试验时间，冷热转换时间一般设定为手动2～3min，自动少于30s，小试件则少于10s，试验过程中观察并记录输出波形及工作状态。试验后恢复常温，对基本功能性能指标进行最终测试，判断测试结果是否满足要求
注意事项	1）按产品应用决定是否进行非工作状态测试 2）试验过程和试验后，电源性能和外观不能出现降级与退化现象

5.1.9　恒定湿热测试

恒定湿热测试见表5-9。

表5-9　恒定湿热测试

指标定义	被测开关电源恒定湿热工作特性，用来考核或确认产品/器件/材料在恒温恒湿的环境条件下贮存或使用的适应性
指标来源	GB/T 2423.22、GB/T 2423.34、GJB 150.9、IPC 9592
所需设备	输入源、负载、温湿箱、安规测试综合仪、电压表、电流表
测试条件	依据规格书所规定的输入和输出要求测试
测试框图	

（续）

测试方法	试验前对被测开关电源的基本功能性能指标进行初始测试，记录测试结果；电源置于高低温试验箱中，额定输入额定输出满载工作，设定试验温度为（40±2）℃，相对湿度为（93±3）%RH 或规定值，试验持续时间为规定试验时间，对电源的绝缘电阻进行检测，记录测试结果；试验后恢复常温，观察并记录启动过程及工作状态，对基本功能性能指标进行最终测试，判断测试结果是否满足要求
注意事项	1）以吸附或吸收水分而受潮对产品产生影响的，采用恒定湿热试验 2）按产品应用决定是否进行非工作状态测试 3）试验过程和试验后，电源性能不能出现降级与退化现象

5.1.10 交变湿热测试

交变湿热测试见表 5-10。

表 5-10 交变湿热测试

指标定义	被测开关电源交变湿热工作特性，用来考核或确认产品/器件/材料在交变湿热的环境条件由下贮存或使用的适应性
指标来源	GB/T 2423.3-93、IEC 60068-2-30、GJB 4.6、GJB 150.9
所需设备	输入源、负载、温湿箱、电压表、电流表
测试条件	依据规格书所规定的输入和输出要求测试，默认按额定输入电压、额定输出电压、满载工作进行测试
测试框图	
测试方法	试验前对被测开关电源的基本功能性能指标进行初始测试，记录测试结果；电源置于高低温试验箱中，额定输入、额定输出、满载工作，设定试验温度为（25±2）℃，相对湿度为（95±3）%RH 或规定值，3h 升温至规定高温，高温高湿保持 9h 后降温，3~6h 内降温到 25℃，试验中观察并记录电源工作状态；试验后对电源基本功能性能指标进行最终测试，记录测试结果，判断测试结果是否满足要求
注意事项	1）以凝露或通过呼吸作用对产品产生影响的，采用交变湿热试验 2）按产品应用决定是否进行非工作状态测试 3）试验过程和试验后，电源性能不能出现降级与退化现象

5.1.11　高温高湿测试

高温高湿测试见表5-11。

表5-11　高温高湿测试

指标定义	被测开关电源对一般恒定湿热环境的适应能力
指标来源	GB/T 2423.22、GB/T 2423.34、GJB 150.9
所需设备	输入源、负载、温湿箱、电压表、电流表
测试条件	依据规格书所规定的输入和输出要求测试
测试框图	
测试方法	试验前对被测开关电源的基本功能性能指标进行初始测试，记录测试结果；电源置于高低温试验箱中，额定输入、额定输出、满载工作，设定试验温度为（70±2）℃，相对湿度为（95±3）%RH，持续测试规定试验时间；试验后恢复常温，观察并记录启动过程及工作状态，对基本功能性能指标进行最终测试，判断测试结果是否满足要求
注意事项	1）按产品应用决定是否进行非工作状态测试 2）试验过程和试验后，电源性能不能出现降级与退化现象

5.1.12　双85试验测试

双85试验测试见表5-12。

表5-12　双85试验测试

指标定义	被测开关电源对85℃、85%RH恒定湿热环境的适应能力
指标来源	产品规格书
所需设备	输入源、负载、温湿箱、电压表、电流表
测试条件	依据规格书所规定的输入和输出要求测试
测试框图	
测试方法	试验前对被测开关电源的基本功能性能指标进行初始测试，记录测试结果；电源置于高低温试验箱中，额定输入、额定输出、满载工作，设定试验温度为（85±2）℃，相对湿度为（85±3）%RH，持续测试规定试验时间；试验后恢复常温，观察并记录启动过程及工作状态，对基本功能性能指标进行最终测试，判断测试结果是否满足要求
注意事项	1）按产品应用决定是否进行非工作状态测试 2）试验过程和试验后，电源性能不能出现降级与退化现象

5.2 机械环境适应性测试

5.2.1 正弦振动测试

正弦振动测试见表 5-13。

表 5-13 正弦振动测试

指标定义	正弦振动对开关电源电性能及结构的影响 该试验能够帮助评估各类电路、结构、装置等处于振动环境下所反映出来的情形，避免长时间处于共振状况下造成无法预知的损坏，是一种能充分显现持续性与疲劳性的试验。也可利用振动实验了解相关结构间的相互影响 振动对产品的影响有 1）结构损坏，如结构变形、产品裂纹或断裂 2）产品功能失效或性能超差，如接触不良、继电器误动作等，这种破坏不属于永久性破坏，因为一旦振动减小或停止，工作就能恢复正常 3）工艺性破坏，如螺钉或连接件松动、脱焊
指标来源	IEC 68 - 2 - 6、GB/T 2423.10
所需设备	输入源、负载、振动台、电压表、电流表
测试条件	正弦振动前后测试依据规格书所规定的输入和输出要求进行，默认按额定输入额定输出满载测试
测试框图	
测试方法	试验前对被测开关电源的基本功能性能指标进行初始测试，对电源的外观、较重器件及结构进行检查，记录测试结果；将电源固定于振动测试台，无包装，不通电，按照试验严酷等级 5Hz ~ 200Hz ~ 5Hz，5Hz ~ 9Hz 振幅 6.1mm，9Hz ~ 200Hz 2G 加速度，扫频速率不大于 1 个倍频程/min，或规定试验参数，对电源的三个互相垂直轴向进行 5 循环振动试验；试验后对电源外观及内部器件、结构件等进行检查，对电源的功能和电性能进行最终测试，判断测试结果是否满足要求
注意事项	按规格书要求是否进行通电带载正弦振动测试

5.2.2 随机振动测试

随机振动测试见表 5-14。

表 5-14 随机振动测试

指标定义	随机振动对开关电源工作特性及结构的影响，随机振动通常是不确定的振动，而不是单纯的正弦振动
指标来源	IEC 68 - 2 - 34、IEC 68 - 2 - 35、IEC 68 - 2 - 36、IEC 68 - 2 - 37
所需设备	输入源、负载、振动台、电压表、电流表
测试条件	随机振动前后测试依据规格书所规定的输入和输出要求进行，默认按额定输入额定输出满载测试

（续）

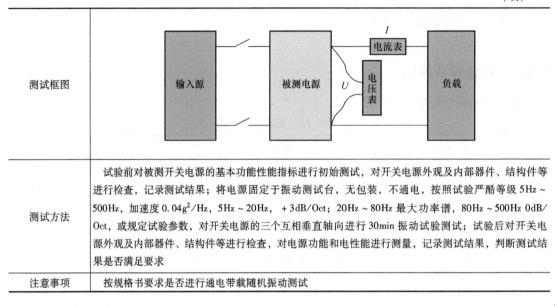

测试框图	（见上图）
测试方法	试验前对被测开关电源的基本功能性能指标进行初始测试，对开关电源外观及内部器件、结构件等进行检查，记录测试结果；将电源固定于振动测试台，无包装，不通电，按照试验严酷等级 5Hz ~ 500Hz，加速度 0.04g²/Hz，5Hz ~ 20Hz，+ 3dB/Oct；20Hz ~ 80Hz 最大功率谱，80Hz ~ 500Hz 0dB/Oct，或规定试验参数，对开关电源的三个互相垂直轴向进行 30min 振动试验测试；试验后对开关电源外观及内部器件、结构件等进行检查，对电源功能和电性能进行测量，记录测试结果，判断测试结果是否满足要求
注意事项	按规格书要求是否进行通电带载随机振动测试

5.2.3 冲击振动测试

冲击振动测试见表 5-15。

表 5-15 冲击振动测试

指标定义	冲击振动对开关电源工作特性及结构的影响，用来揭露机械弱点和性能下降情况，并利用这些资料，结合有关产品规范，来决定测试结果是否可以接收。在某些情况下，冲击测试也可以用来确定样机的结构完好性，或作为质量控制的手段
指标来源	GB/T 2423.5、GJB 150.18A、IEC 60068 – 2 – 27
所需设备	输入源、负载、振动台、电压表、电流表
测试条件	冲击振动前后测试依据规格书所规定的输入和输出要求进行，默认按额定输入额定输出满载测试
测试框图	（见上图）
测试方法	试验前对被测开关电源的基本功能性能指标进行初始测试，记录测试结果。将电源固定于振动测试台，无包装，不通电，按照试验严酷等级半正弦波脉冲、峰值加速度20g、脉冲宽度 11ms，或规定试验参数，对电源三个互相垂直轴向正反两个方向各施加 3 次冲击，冲击时间间隔一般不小于 5 倍的冲击脉冲持续时间；试验后对电源外观及内部器件、结构件等进行检查，对电源功能和电性能进行测量，判断是否满足要求
注意事项	按规格书要求是否进行通电带载冲击测试

5.2.4 碰撞测试

碰撞测试见表5-16。

表5-16 碰撞测试

指标定义	碰撞试验对电源工作特性及结构的影响，为了确定由重复冲击所引起的累积损伤或所规定的性能是否下降，然后利用这些资料并结合有关规范来决定产品是否合格。产品在运输或使用期间可能遭受到重复的冲击/碰撞，使用本试验可以确定样机在结构强度方面，或作为生产产品质量控制的手法。碰撞试验基本上在于使样机在碰撞试验机上经受具有规定的峰值加速度和持续时间的标准脉冲的重复冲击
指标来源	GB/T 2423.6、IEC 68 – 2 – 29
所需设备	输入源、负载、振动台、电压表、电流表
测试条件	碰撞前后测试依据规格书所规定的输入和输出要求进行，默认按额定输入额定输出满载测试
测试框图	
测试方法	试验前对被测开关电源的基本功能性能指标进行初始测试，记录测试结果；将电源固定于振动测试台，无包装，不通电，按照试验严酷等级半正弦波脉冲、峰值加速度 $5m/s^2$、脉冲宽度 11ms，或规定试验参数，对电源三个互相垂直轴向正反两个方向各施加100次冲击，冲击时间间隔一般不小于5倍的冲击脉冲持续时间；试验后对电源外观及内部器件、结构件等进行检查，对电源功能和电性能进行测量，判断是否满足要求
注意事项	按规格书要求是否进行通电带载碰撞测试

5.2.5 跌落测试

跌落测试见表5-17。

表5-17 跌落测试

指标定义	跌落试验又名包装跌落测试，为产品包装后在模拟不同的棱、角、面于不同的高度跌落于地面时的情况，用以了解产品受损情况及评估产品包装组件在跌落时所能承受的堕落高度及耐冲击强度，从而根据产品实际情况及国家标准范围内进行改进、完善包装设计。跌落方式分为一角、三边、六面之自由落体，跌落的高度是根据产品重量而定，分为 90cm、76cm 和 65cm 几个等级
指标来源	GB/T 2423.8
所需设备	输入源、负载、跌落试验机、电压表、电流表
测试条件	跌落前后测试依据规格书所规定的输入和输出要求进行，默认按额定输入额定输出满载测试
测试框图	

（续）

测试方法	试验前对被测开关电源的基本功能性能指标、外观和绝缘强度进行初始测试，记录测试结果；按规定的方法包装样机，配件不可漏放。若对封箱有特别要求（如打带）则按要求进行，若无特别要求则包盒用2in（5.08cm）透明胶纸封箱，外卡通用3in（7.62cm）透明胶纸封箱。测样机不可少于2整箱或4PCS成品。顺序从接缝边之底角开始依次进行跌落；试验后对电源外观及内部器件、结构件等进行检查，对电源功能、电性能和绝缘强度等指标进行测量，判断是否满足要求
注意事项	被测开关电源的包装货物重量和落下高度关系如下所述： 1～20.99lbs（0.45～9.54kg）：30in（76.20cm） 21～40.99lbs（9.55～18.63kg）：24in（60.96cm） 41～60.99lbs（18.64～27.72kg）：18in（45.72cm） 61～100lbs（27.73～45.45kg）：12in（30.48cm）

5.2.6 地震模拟测试

地震模拟测试见表5-18。

表5-18 地震模拟测试

指标定义	地震模拟试验是考核开关电源的抗震性能，通信及涉及安全（如核控制方面等）的开关电源设备应当通过抗震性能检测
指标来源	YD/T 51194、YD/T 51199、YD/T 5083、YD/T 5059、YD/T 5125、YD/T 5193
所需设备	输入源、负载、示波器、地震模拟试验台（如下图所示）、电流表 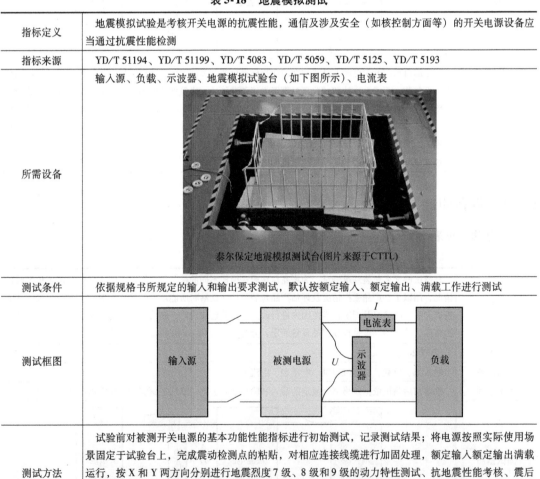 泰尔保定地震模拟测试台(图片来源于CTTL)
测试条件	依据规格书所规定的输入和输出要求测试，默认按额定输入、额定输出、满载工作进行测试
测试框图	
测试方法	试验前对被测开关电源的基本功能性能指标进行初始测试，记录测试结果；将电源按照实际使用场景固定于试验台上，完成震动检点的粘贴，对相应连接线缆进行加固处理，额定输入额定输出满载运行，按X和Y两方向分别进行地震烈度7级、8级和9级的动力特性测试、抗地震性能考核、震后动力特性复核，测试中观察电源工作状态；试验后对电源外观、结构件、连接处位移进行检查，对电源基本功能和电性能进行测试，与初始测试结果进行对比，判断测试结果是否满足要求

5.3　其他环境适应性测试

5.3.1　霉菌试验测试

霉菌试验测试见表 5-19。

表 5-19　霉菌试验测试

指标定义	霉菌试验就是检测产品抗霉菌的能力和在有利于霉菌生长的条件下（即高湿温暖的环境中和有无机盐存在的条件下），设备是否受到霉菌的有害影响。军工装备及民用电子产品、线材、橡胶等材料，按标准规定进行各类霉菌的培养，在规定的时间后（比如军品通常是 28 天），对产品外观性能进行评价，以确定产品防霉的等级
指标来源	GJB 150.10A、HB 6167.11、GJB 4.10、GB/T 2423.16、GB/T 10588 – 89
所需设备	霉菌试验箱
测试条件	无包装、不通电
测试方法	在实验室正常大气条件下对被测样机进行初始外观检查，用酒精对被测样机表面进行清洁，清洁完成后使被测样机在实验室正常大气条件下静置 72h，将被测样机和对照棉布条在试验箱内合适的支架上悬挂，调节试验箱内温度至 30℃、相对湿度至 95%，并保持 4h，将试验要求的菌种要求对被测样机和对照棉布条进行接种，调节试验箱内温度至 30℃、相对湿度至 95%，在温度为 30℃、相对湿度为 95% 的条件下保持 20h，在 1h 内调节试验箱内温度至 25℃，试验期间保持相对湿度不变，在温度为 25℃、相对湿度为 95% 的条件下保持 2h，在 1h 内调节试验箱内温度至 30℃，试验期间保持相对湿度不变，重复上述步骤共完成 28 个循环的试验，试验结束时，取出被测样机，检查其长霉情况，并按要求评定被测样机的长霉等级

5.3.2　凝露开机测试

凝露开机测试见表 5-20。

表 5-20　凝露开机测试

指标定义	用来考核产品/器件/材料在凝露环境条件下开机的适应能力
指标来源	产品规格书
所需设备	输入源、负载、高低温试验箱、电压表、电流表
测试条件	依据规格书所规定的输入和输出要求测试，默认按额定输入额定输出电压满载测试
测试框图	
测试方法	电源置于高低温试验箱中，无包装，不通电，设定试验温度为 -15℃ 左右贮存规定试验时间，取出电源使产品表面产生凝露，设定额定输入、额定输出、满载上电，观察并记录电源启动过程及工作状态
注意事项	适用于产品长期无包装贮存且具有凝露使用场景的开关电源，如回南天气候的应用场景

5.3.3 凝露工作测试

凝露工作测试见表5-21。

表5-21 凝露工作测试

指标定义	用来考核产品/器件/材料在凝露环境条件下贮存或使用的适应能力
指标来源	产品规格书
所需设备	输入源、负载、高低温试验箱、电压表、电流表
测试条件	依据规格书所规定的输入和输出要求测试
测试框图	
测试方法	试验前对被测开关电源的基本功能性能指标进行初始测试，记录测试结果；电源置于湿热试验箱中，额定输入额定输出空载工作，设定试验温度为（25±2）℃，湿度99%RH以上，使产品表面产生凝露，观察并记录电源工作状态，试验后恢复常温，对开关电源基本功能性能指标进行最终测试，判断测试结果是否满足要求
注意事项	适用于具有凝露使用场景的开关电源

5.3.4 结冰试验测试

结冰试验测试见表5-22。

表5-22 结冰试验测试

指标定义	用来考核开关电源在结冰条件下启动和工作特性
指标来源	产品规格书
所需设备	输入源、负载、结冰试验箱、电压表、电流表
测试条件	依据规格书所规定的输入和输出要求测试
测试框图	
测试方法	试验前对被测开关电源的基本功能性能指标进行初始测试，记录测试结果；电源置于结冰试验箱中，设置环境温度至-40℃（或规定温度）后，对电源间歇的淋水，让电源外表面慢慢结冰，经过3天的结冰后，升高温度让结冰融化，试验连续运行1周，施加淋雨结冰—结冰融化2个循环；每个循环试验过程中对电源执行反复上下电、基本功能性能指标和负载动态等测试，判断测试结果是否满足要求
注意事项	适用于具有密封外壳且应用于寒冷结冰场所的开关电源

5.3.5 盐雾试验测试

盐雾试验测试见表 5-23。

表 5-23 盐雾试验测试

指标定义	检测主考核开关电源材料及其防护层抗盐雾腐蚀的能力 它分为两大类：一类为天然环境暴露试验；另一类为人工加速模拟盐雾环境试验。加速盐雾试验是一种利用盐雾试验设备所创造的人工模拟盐雾环境条件来确认产品或金属材料耐腐蚀性能的环境试验。试验的严苛程度取决于暴露持续时间。实验室模拟盐雾可以分为三类：中性盐雾试验、醋酸盐雾试验和铜盐加速醋酸盐雾试验 1）中性盐雾试验（NSS 试验）是出现最早目前应用领域最广的一种加速腐蚀试验方法，它采用 5% 的氯化钠盐水溶液，溶液 pH 值调为中性范围（6.5 ~ 7.2）作为喷雾用的溶液。试验温度均取 35℃，要求盐雾的沉降率在 1 ~ 2ml/80cm/h 2）醋酸盐雾试验（ASS 试验）是在中性盐雾试验的基础上发展起来的，它是在 5% 氯化钠溶液中加入一些冰醋酸，使溶液的 pH 值降为 3 左右，溶液变成酸性，最后形成的盐雾也由中性盐雾变成酸性，它的腐蚀速度要比 NSS 试验快 3 倍左右 3）铜盐加速醋酸盐雾试验（CASS 试验）是国外新近发展起来的一种快速盐雾腐蚀试验，试验温度为 50℃，盐溶液中加入少量铜盐 – 氯化铜，强烈诱发腐蚀，它的腐蚀速度大约是 NSS 试验的 8 倍
指标来源	GB/T 2423.17、IEC 60068 – 2 – 11、GJB 150.1、GB/T 10125
所需设备	输入源、负载、盐雾试验箱、电压表、电流表
测试条件	盐雾试验中无包装、不通电
测试框图	
测试方法	盐雾试验可分为以下几个步骤： （1）清洁样品 试验前应彻底清洁试样；所使用的清洁方法取决于材料的性质、其表面和污染物，但是不得使用可能影响试样表面的任何磨料或溶剂；一般可采用乙醇清洁，或采用氧化镁溶液。试样清洁后应小心，不能由于处置不当而再次受污染 （2）摆放样品 1）用惰性非金属材料的置物架放置样品 2）试样的放置位置应使它们不受喷雾器的直接喷射 3）试样排列应保证喷雾自由地落在全部测试件上，使测试液自由落下 4）试样表面在喷雾箱中暴露的角度是非常重要的。试样在喷雾箱中应尽可能与垂直方向成 20°角，特殊零件具有很多方向的主要表面要同时测试时，务必使每个主要表面都能同时接受盐水的喷雾 5）试样测试完毕前，不允许移动 （3）试验过程 试验前对被测开关电源的基本功能性能指标进行初始测试，记录测试结果。被测开关电源置于盐雾试验箱，设定试验条件，记录测试初始时间，试验持续时间为 96h 或规定要求，试验过程中禁止开盖或中止盐雾试验。记录结束时间，将产品从试验箱取出，用不高于 38℃ 的温水冲洗产品表面 1min（以干净为准），再用气枪把产品表面吹干净，放置于室温下，戴好干净棉质手套，在 1000lux 光线下检查待测样品的外观，进行盐雾测试结果鉴定。然后通电，观察并记录电源启动过程及工作状态，对基本功能性能指标进行最终测试，记录测试结果 （4）试验结果评价 测试结果的评定视不同标准要求的不同而不同：如铜盐加速醋酸盐雾试验与中性盐雾试验相比，由于试验温度从 35℃ 提高到 50℃，再加上铜盐对腐蚀的加速作用，使其腐蚀速度提高了 7 ~ 8 倍，它比醋酸盐雾试验也快 2 ~ 3 倍，因而用铜盐加速醋酸盐雾试验对产品镀层考核抗盐雾腐蚀质量，可在较短的时间里得到结果 （5）中性盐雾试验举例 试验前对被测开关电源的基本功能性能指标进行初始测试，记录测试结果；电源置于盐雾试验箱中，设定试验条件为（35 ± 2）℃、（5 ± 1）% NaCl 溶液、pH 值为 6.5 ~ 7.2，试验持续时间为 96h；试验后用自来水冲洗 5min，再用蒸馏水冲洗，放置规定试验时间后，进行外观检查；然后给电源上电，观察并记录启动过程及工作状态，对基本功能性能指标进行最终测试，记录测试结果，判断测试结果是否满足要求
注意事项	盐雾试验中是否进行通电带载测试视产品规格要求而定

5.3.6 复合盐雾试验测试

复合盐雾试验测试见表5-24。

表 5-24 复合盐雾试验测试

指标定义	复合盐雾试验又叫循环腐蚀试验（CCT），该试验是在恒定盐雾试验基础上引入了高温、湿度、低温、干燥等，尽可能考虑了自然环境中的诸多条件因素，目的为取得与自然环境相关性更高的试验结果，复合盐雾试验目的是用来确认待测样品忍受盐雾环境的能力，利用盐雾与湿气相互循环方式来模拟实际使用环境，适用于评估金属材料与盐粒子所产生的电化学腐蚀效应
指标来源	GB/T 2423.17–93 以及等效的 IEC、MIL、DIN、ASTM 等相关标准
所需设备	输入源、负载、复合盐雾试验箱、电压表、电流表
测试条件	盐雾试验中无包装、不通电
测试框图	
测试方法	复合盐雾试验通常包括三个测试阶段：盐雾试验阶段、潮湿试验阶段和干燥试验阶段： 　1）盐雾试验阶段：一般来说，除氯化钠（NaCl）外，也可使用含其他化学品的电解液来模拟酸雨或其他工业腐蚀 　2）潮湿试验阶段：测试程序通常要求高湿度环境条件，相对湿度要求为 95% ~ 100% RH 　3）干燥试验阶段：样机干燥阶段一般相对湿度≤30% RH 　4）盐雾试验结果判定：功能必须正常，产品功能失效或性能参数超过设计余量为不合格，腐蚀导致任何结构物理特性减少25%以上为不合格（包括但不限于屈服强度、硬度、穿透强度、质量及弯曲阻抗等产品重要参数）；外露面不应该出现腐蚀，涂镀层及基体不应腐蚀，不应有气泡、开裂等影响电源产品外观形象的不良现象；非外露面，基体不应出现腐蚀，涂镀层腐蚀深度不应超过表面的5%，腐蚀面积不应超过10%
注意事项	盐雾试验中是否进行通电带载测试视产品规格要求而定

5.3.7 海水加严试验测试

海水加严试验测试见表5-25。

表 5-25 海水加严试验测试

指标定义	被测开关电源抗真实海水加严腐蚀的能力
指标来源	产品规格书
所需设备	输入源、负载、示波器、电流表
测试条件	依据规格书所规定的输入和输出要求测试

（续）

测试框图	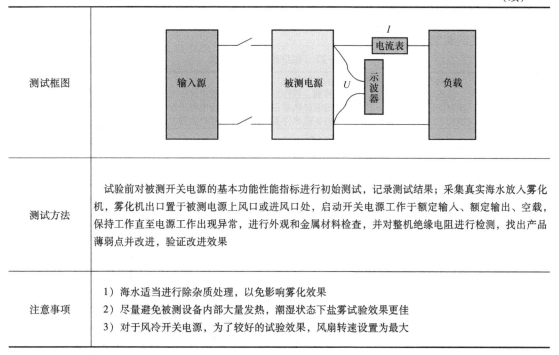
测试方法	试验前对被测开关电源的基本功能性能指标进行初始测试，记录测试结果；采集真实海水放入雾化机，雾化机出口置于被测电源上风口或进风口处，启动开关电源工作于额定输入、额定输出、空载，保持工作直至电源工作出现异常，进行外观和金属材料检查，并对整机绝缘电阻进行检测，找出产品薄弱点并改进，验证改进效果
注意事项	1）海水适当进行除杂质处理，以免影响雾化效果 　　2）尽量避免被测设备内部大量发热，潮湿状态下盐雾试验效果更佳 　　3）对于风冷开关电源，为了较好的试验效果，风扇转速设置为最大

5.3.8　积沙尘试验测试

积沙尘试验测试见表 5-26。

表 5-26　积沙尘试验测试

指标定义	被测开关电源产品防沙尘的能力
指标来源	IEC/EN 60529、GB/T 4208 – 93、GB/T 2423.4
所需设备	粉尘试验箱
测试条件	无包装、不通电
测试方法	试验分为自由降尘、吹沙尘： 　　1）自由降尘：主要用于模拟有防护场所中沙尘的影响，使开关电源暴露于低密度含尘大气中，其中有间歇性的少量沙尘注入，并由于重力作用会降落在样机上 　　2）吹沙尘：主要用于模拟户外和车载环境条件下沙尘对样机的密封性能和腐蚀影响，使开关电源暴露于夹带了一定量尘、沙或沙尘混合物的喘动或层流气流中
注意事项	1）适用于具有沙尘使用环境的开关电源 　　2）IEC 60529 防尘共分为以下等级 　　IP0X：完全无防尘保护 　　IP1X：可保护避免直径 50mm 异物掉入设备内 　　IP2X：可保护避免直径 12mm 异物掉入设备内 　　IP3X：可保护避免直径 2.5mm 异物掉入设备内 　　IP4X：可保护避免直径 1mm 异物掉入设备内 　　IP5X：有部分防尘作用，但不得因落入灰尘影响正常功能运作或降低产品安全性 　　IP6X：完全防尘

5.3.9 积纤维尘试验测试

积纤维尘试验测试见表 5-27。

表 5-27　积纤维尘试验测试

指标定义	被测开关电源产品抗纤维尘的防护能力 纤维尘大都由地毯、衣物、棉絮、棉沙发等纤维混合着空气中之粉尘所组成。纤维尘与传统沙尘或现有国际规范不同，开关电源的散热风扇在吸入空气过程中将纤维尘一并吸入产品内部，当散热片上堆积了许多纤维尘就会使产品内部或零件温度升高而造成功能异常与失效
指标来源	产品规格书
所需设备	输入源、负载、纤维粉尘试验箱、电压表、电流表
测试条件	依据规格书所规定的输入和输出要求测试
测试框图	
测试方法	试验前对被测开关电源的基本功能性能指标进行初始测试，记录测试结果；电源置于纤维粉尘试验箱中，额定输入、额定输出、满载工作，设定试验温度为满载最高温度要求值，同时监测关键器件温度，运行 8h 或直至电源工作异常，记录电源工作状态及温度变化曲线，试验后对电源基本功能性能指标进行最终测试，记录测试结果
注意事项	适用于具有一般纤维粉尘使用环境的开关电源

5.3.10 积碳纤维试验测试

积碳纤维试验测试见表 5-28。

表 5-28　积碳纤维试验测试

指标定义	被测开关电源的产品抗碳纤维的防护能力 碳纤维已成为动力机房的隐性杀手，碳纤维常见于基建材料及施工中，碳纤维碎屑比头发丝细很多，漂浮在机房中，加上良好的导电性能，随时可能破坏电气绝缘形成拉弧短路等严重故障
指标来源	产品规格书
所需设备	输入源、负载、碳纤维粉尘试验箱、电压表、电流表
测试条件	依据规格书所规定的输入和输出要求测试
测试框图	
测试方法	试验前对被测开关电源的基本功能性能指标进行初始测试，记录测试结果；电源置于纤维粉尘试验箱中，额定输入、额定输出、满载工作，运行规定试验时间或直至电源工作异常，试验后对绝缘强度、绝缘电阻和电源基本功能性能指标进行最终测试，记录测试结果
注意事项	适用于具有碳纤维粉尘使用环境的开关电源

5.3.11　湿尘试验测试

湿尘试验测试见表5-29。

表5-29　湿尘试验测试

指标定义	被测开关电源对湿尘环境的适应能力
指标来源	产品规格书
所需设备	输入源、负载、湿尘试验箱、电压表、电流表
测试条件	依据规格书所规定的输入和输出要求测试
测试框图	
测试方法	试验前对被测开关电源的基本功能性能指标进行初始测试，记录测试结果；将开关电源置于湿尘试验箱中，先实施降尘处理，再调节环境温度为40℃，湿度80% RH，试验持续时间96h；试验过程中和试验后对电源执行反复上下电，对电源基本功能性能指标等测试，试验后检查沙尘浸入及腐蚀情况，记录测试结果
注意事项	1）适用于具有湿热和沙尘复合使用环境的开关电源 2）腐蚀性粉尘按全球各地典型灰尘成分配方进行调制

5.3.12　长期高温高湿测试

长期高温高湿测试见表5-30。

表5-30　长期高温高湿测试

指标定义	被测开关电源在恒定湿热环境中长期工作的特性
指标来源	GB/T 2423.22、GB/T 2423.34、GJB 150.9
所需设备	输入源、负载、温湿箱、电压表、电流表
测试条件	依据规格书所规定的输入和输出要求测试
测试框图	
测试方法	试验前对被测开关电源的基本功能性能指标进行初始测试，记录测试结果；电源置于高低温试验箱中，设定试验温度为（70±2）℃，相对湿度为（95±3）% RH，使电源额定输入额定输出典型负载运行，试验持续6个月或规定时长，试验中观察并记录电源工作状态，试验后对外观进行检查，对基本功能性能指标进行最终测试，记录测试结果
注意事项	无

5.3.13　低气压试验测试

低气压试验测试见表5-31。

表5-31　低气压试验测试

指标定义	被测开关电源在模拟低气压环境下（高空高原）确定元件/设备或其他产品工作的适应性 　温度/高空（低压）复合试验（低气压试验、快速减压试验、低压试验、高度试验、高空试验、快速气压变化）就是将试验样机放入试验箱，然后将箱内气压降低到有关标准规定值，并保持规定持续时间的试验。其目的主要用来确定元件、设备或其他产品在贮存、运输和使用中对低气压环境的适应性。气压和海拔关系如下图所示
指标来源	IEC 68 - 2 - 40、IEC 68 - 2 - 41、GB/T 2423.21、GB/T 2423.25、GB/T 2423.26、GB/T 2423.27、GJB 150.24A、GJB 360A
所需设备	输入源、负载、低气压试验箱、安规综合测试仪、数据采集仪、电压表
测试条件	依据规格书所规定的输入和输出要求测试
测试框图	
测试方法	试验前对被测开关电源的基本功能性能指标进行初始测试，记录测试结果；电源置于低气压试验箱中，额定输入、额定输出、满载工作，设定试验箱温度50℃或规格书要求值，气压70kPa或规定气压，按输出降额要求调节输出负载，运行规定试验时间，试验过程中观察电源工作状态，测量并记录关键器件温升；断开电气连接，测量并记录电源的绝缘强度和绝缘电阻；设定试验箱温度50℃或规格书要求值，气压61.6kPa或规定气压，按输出降额要求调节输出负载，运行规定试验时间，试验过程中观察电源工作状态，测量并记录关键器件温升；断开电气连接，测量并记录电源的绝缘强度和绝缘电阻；设定试验箱温度50℃或规格书要求值，气压54kPa或规定气压，按输出降额要求调节输出负载，运行规定试验时间，试验过程中观察电源工作状态，测量并记录关键器件温升；断开电气连接，测量并记录电源的绝缘强度和绝缘电阻；试验后观察并记录启动过程及工作状态，对基本功能性能指标进行最终测试，记录测试结果，判断测试结果是否满足要求
注意事项	按产品应用决定是否进行非工作状态测试

5.3.14 快速减压试验测试

快速减压试验测试见表 5-32。

表 5-32 快速减压试验测试

指标定义	被测开关电源对快速减压环境的适应性 该试验适用于确定周围环境压力快速降低是否会引起产品发生反应，伤害周围人员或损坏运输产品的平台（如车辆或飞机等）
指标来源	GJB 150A
所需设备	输入源、负载、低气压试验箱、电压表、电流表
测试条件	依据规格书所规定的输入和输出要求测试
测试框图	
测试方法	试验前对被测开关电源的基本功能性能指标进行初始测试，记录测试结果；电源置于低气压试验箱中，额定输入额定输出满载工作，设置起始压力 75.2kPa 或规定压力，最终压力 18.8kPa 或规定压力，时间≤10min，快速减压≤15s，试验过程中观察电源工作状态，试验后观察并记录电源启动过程及工作状态，对基本功能性能指标进行最终测试，判断测试结果是否满足要求
注意事项	按产品应用决定是否进行非工作状态测试

5.3.15 爆炸减压试验测试

爆炸减压试验测试见表 5-33。

表 5-33 爆炸减压试验测试

指标定义	被测开关电源对爆炸减压环境的适应性
指标来源	GJB 150A
所需设备	输入源、负载、低气压试验箱、电压表、电流表
测试条件	依据规格书所规定的输入和输出要求测试
测试框图	
测试方法	试验前对被测开关电源的基本功能性能指标进行初始测试，记录测试结果；电源置于低气压试验箱中，额定输入额定输出满载工作，设置起始压力 75.2kPa 或规定压力，最终压力 18.8kPa 或规定压力，时间≤10min，快速减压≤0.1s，试验过程中观察电源工作状态，试验后观察并记录电源启动过程及工作状态，对开关电源基本功能性能指标进行最终测试，判断测试结果是否满足要求
注意事项	按产品应用决定是否进行非工作状态测试

5.3.16　太阳辐射测试

太阳辐射测试见表5-34。

表5-34　太阳辐射测试

指标定义	本测试旨在确定地面太阳辐射对开关电源和元器件产生的影响（热、机械、化学、电气等）。对于户外使用产品以及汽车电子等均有此测试要求。太阳辐射试验（氙灯暴露试验、碳弧灯暴露试验、卤素灯暴露试验）加热效应主要是由太阳辐射能中红外光谱部分产生的，主要引起产品短时高温和局部过热，造成一些对温度敏感的元器件失效，结构材料的机械破坏和绝缘材料的过热损坏等。光化学效应主要是由太阳辐射能中紫外光谱部分产生的，紫外光谱提供的光能量足以激发有机材料分子使其键断裂、降解或交互，从而使材料老化变质。当太阳辐射与温度、湿度等气候因素综合作用时，破坏性更为明显。最容易发现的损坏是变形、变色、失去光泽、粉化、开裂等表面损坏，同时其内在的机械性能和电气性能也会随之降低，从而使材料的使用价值降低，甚至报废
指标来源	GJB 150.7、GB 4797.4、GB/T 2423.24、MIL - STD - 810F
所需设备	输入源、负载、太阳辐射试验箱、电压表、电流表
测试条件	依据标准或规格书所规定条件测试
测试框图	
测试方法	试验前对被测开关电源的基本功能性能指标进行初始测试，使用色彩分析仪进行颜色量测，记录测试结果；一般加热效应多采用循环方式：8小时连续照射，16h保持黑暗，此24h为一个循环。而光化学效应多采用连续照射，光化学效应试验用于研究长期暴露于日照对试验样机的影响。通常试验样机表面接收大量日光（以及热和湿气）后才开始产生光化学效应。该试验是一种加速试验，试验温度及辐射强度均采用热气候极值条件，每循环照射时间（20h以上）远远高于每天太阳照射的实际时间（约12h）。若采用热效应循环来考核试品的光化学效应，可能要进行数月之久才能见效。采用加速的方法，可以缩短再现长期暴晒累积效应的时间。试验后对被测样机进行检查，使用色彩分析仪（Color Analyzer）进行颜色变异程度量测（ΔE），对基本功能性能指标进行最终测试，记录测试结果，判断测试结果是否满足要求

5.3.17　太阳辐射黑箱测试

太阳辐射黑箱测试见表5-35。

表5-35　太阳辐射黑箱测试

指标定义	黑箱加速试验是自然大气暴露加速试验方法之一，最早在美国实施并形成相关标准，黑箱由金属制作，外表面涂覆耐高温黑色涂层，内表面涂覆低反射率材料，加强了热吸收效果，黑箱内样品表面温度一般比户外温度高10～50℃
指标来源	产品规格书
所需设备	输入源、负载、黑箱、电压表、电流表
测试条件	依据标准或规格书所规定条件测试

（续）

测试框图	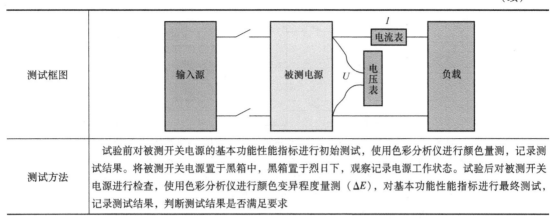
测试方法	试验前对被测开关电源的基本功能性能指标进行初始测试，使用色彩分析仪进行颜色量测，记录测试结果。将被测开关电源置于黑箱中，黑箱置于烈日下，观察记录电源工作状态。试验后对被测开关电源进行检查，使用色彩分析仪进行颜色变异程度量测（ΔE），对基本功能性能指标进行最终测试，记录测试结果，判断测试结果是否满足要求

5.3.18 长期温度循环测试

长期温度循环测试见表 5-36。

表 5-36 长期温度循环测试

指标定义	被测开关电源在温度循环环境中长期工作的适应能力
指标来源	IPC 9592、产品规格书
所需设备	输入源、负载、高低温试验箱、电压表、电流表
测试条件	依据规格书所规定的输入和输出要求测试
测试框图	
测试方法	试验前对被测开关电源的基本功能性能指标进行初始测试，记录测试结果。电源置于高低温试验箱中，设置额定输入、额定输出、满载工作，设定试验箱环境温度为（50±2）℃工作规定试验时间和（-10±2）℃工作规定试验时间切换，温度变化率15℃/min，进行300次循环或规定循环次数，观察并工作状态，试验后检查外观，对基本功能性能指标进行最终测试
注意事项	按产品应用决定是否进行非工作状态测试

5.3.19 长期寿命试验测试

长期寿命试验测试见表 5-37。

表 5-37 长期寿命试验测试

指标定义	开关电源长期工作的产品寿命
指标来源	产品规格书、IPC 9592
所需设备	输入源、负载、高温房、电压表、电流表等
测试条件	依据规格书所规定的输入和输出要求测试

（续）

测试框图	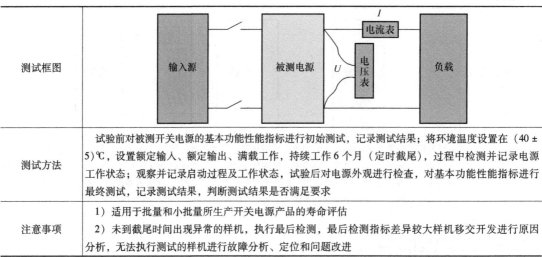
测试方法	试验前对被测开关电源的基本功能性能指标进行初始测试，记录测试结果；将环境温度设置在（40 ± 5）℃，设置额定输入、额定输出、满载工作，持续工作6个月（定时截尾），过程中检测并记录电源工作状态；观察并记录启动过程及工作状态，试验后对电源外观进行检查，对基本功能性能指标进行最终测试，记录测试结果，判断测试结果是否满足要求
注意事项	1）适用于批量和小批量所生产开关电源产品的寿命评估 2）未到截尾时间出现异常的样机，执行最后检测，最后检测指标差异较大样机移交开发进行原因分析，无法执行测试的样机进行故障分析、定位和问题改进

5.3.20 防水试验测试

防水试验测试见表5-38。

表5-38 防水试验测试

指标定义	被测开关电源产品的防水能力
指标来源	IEC/EN 60529、GB/T 4208 – 93
所需设备	防水试验设备
测试条件	无包装、不通电
测试方法	防水试验分为滴水、浸水和加压水试验： （1）IPX1 方法名称：垂直滴水试验 试验设备：滴水试验装置 样机放置：按样机正常工作位置摆放在以1r/min的旋转样机台上，样机顶部至滴水口的距离不大于200mm 试验条件：滴水量为10.5mm/min 持续时间：10min （2）IPX2 方法名称：倾斜15°滴水试验 试验设备：滴水试验装置 样机放置：使样机的一个面与垂线成15°角，样机顶至滴水口的距离不大于200mm，每试验完一个面后，换另一个面，共四次 试验条件：滴水量为30.5mm/min 持续时间：4×2.5min（共10min） （3）IPX3 方法名称：淋水试验 试验方法a：摆管式淋水试验。 试验设备：摆管式淋水溅水试验装置 样机放置：选择适当半径的摆管，使样机台面高度处于摆管直径位置上，将样机放在样台上，使其顶部到样机喷水口的距离不大于200mm，样机台不旋转

（续）

测试方法	试验条件：水流量按摆管的喷水孔数计算，每孔为 0.07L/min，淋水时，摆管中点两边各 60° 弧段内的喷水孔的喷水喷向样机，被测样机放在摆管半圆中心，摆管沿垂线两边各摆动 60°，共 120°。每次摆动（2×120°）约 4s 　试验时间：连续淋水 10min 　试验方法 b：喷头式淋水试验 　试验设备：手持式淋水溅水试验装置 　样机放置：使试验顶部到手持喷头喷水口的平行距离为 300~500mm 　试验条件：试验时应安装带平衡重物的挡板，水流量为 10L/min 　试验时间：按被检样机外壳表面积计算，每平方米为 1min（不包括安装面积），最少 5min 　（4）IPX4 　方法名称：溅水试验 　试验方法 a：摆管式溅水试验 　试验设备和样机放置：与上述 IPX3 实验方法 a 相同 　试验条件：除后述条件外，与上述 IPX3 实验方法 a 相同；喷水面积为摆管中点两边各 90° 弧段内喷水孔的喷水喷向样机，被检样机放在摆管半圆中心，摆管沿垂线两边各摆动 180° 共约 360°，每次摆动（2×360°）约 12s 　试验时间：与上述 IPX3 实验方法 a 相同（即 10min） 　试验方法 b：喷头式溅水试验 　试验设备和样机放置：与上述 IPX3 实验方法 b 相同 　试验条件：拆去设备上安装带平衡重物的挡板，其余与上述 IPX3 实验方法 b 相同 　试验时间：与上述 IPX3 实验方法 b 相同，即按被检样机外壳表面积计算，每平方米为 1min（不包括安装面积）最少 5min 　（5）IPX5 　方法名称：喷水试验 　试验设备：喷嘴的喷水口内径为 6.3mm 　试验条件：使试验样机至喷水口相距为 2.5~3m，水流量为 12.5L/min（750L/h） 　试验时间：按被检样机外壳表面积计算，每平方米为 1min（不包括安装面积）最少 3min 　（6）IPX6 　方法名称：强烈喷水试验 　试验设备：喷嘴的喷水口内径为 12.5mm 　试验条件：使试验样机至喷水口相距为 2.5~3m，水流量为 100L/min（6000L/h） 　试验时间：按被检样机外壳表面积计算，每平方米为 1min（不包括安装面积）最少 3min 　（7））IPX7 　方法名称：短时浸水试验 　试验设备和试验条件：浸水箱，其尺寸应使样机放进浸水箱后，样机底部到水面的距离至少为 1m，样机顶部到水面距离至少为 0.15m 　试验时间：30min 　（8）IPX8 　方法名称：持续潜水试验 　试验条件和试验时间：由供需双方商定，其严酷程度应比 IPX7 高 　防水试验后，检查样机内部是否进水以及样机功能性能是否正常来判定是否通过测试
注意事项	1）适用于具有防水设计的开关电源 2）IEC 60529 将防水等级共分为以下等级 　IPX0：没有专门防护 　IPX1：垂直下落水滴将没有有害影响 　IPX2：当机壳由任何一边向上倾斜 15° 时，垂直下落的水滴将没有有害的影响 　IPX3：喷溅水由垂直方向向任何一侧倾斜直到 60°，不产生有害影响 　IPX4：喷射水由任一方向喷向机壳没有有害的影响 　IPX5：水枪由任何方向射向机壳，不产生有害影响 　IPX6：高压水枪由任何方向射向机壳，不产生有害影响 　IPX7：当机壳在标准压强和时间条件下，暂时浸泡水中，进水量不可能产生有害影响 　IPX8：在制造者和用户协商的条件下，该条件将比特征数字 7 的条件严酷，机壳持续浸入水中，进水量将不可能产生有害影响

5.3.21 淋雨试验测试

淋雨试验测试见表 5-39。

表 5-39 淋雨试验测试

指标定义	淋雨试验方法是一种人工环境试验方法，它模拟的是开关电源在使用条件下遇到自然降雨或滴水环境因素后的影响
指标来源	GB/T 4208、GJB 150.8A
所需设备	淋雨试验箱
测试条件	无包装、不通电
测试方法	（1）降雨和吹雨程序 淋雨试验设备应有产生降雨并伴随着规定的风速吹风的能力。雨滴的直径应符合 0.5mm～4.5mm 的要求，当伴有规定风速的风时，应确保该降雨喷散到整个样机上，可在雨水中加入荧光素一类的水溶性染料，以帮助定位和分析水渗漏。根据样机来布置风源位置，以使雨水具有水平方向到 45°的变化，并均匀地扑打在样机一侧面。水平风速应不小于 18m/s，在样机放入试验装置前在样机处测量 （2）强化程序 所有喷嘴应产生水压约为 276kPa、雨滴尺寸在 0.5～4.5mm 范围内的方格喷淋网阵或其他形式的交错水网阵，以达到最大的表面覆盖。在每 0.56m² 接受淋雨的表面范围内，且在距样机表面 48mm 处至少有一个喷嘴，必要时可调整此距离以达到喷淋网的交叠，雨水中可加入荧光素一类的水溶性染料，以帮助定位和分析任何水渗漏 （3）滴水程序 试验装置应能提供大于 280L/m²/h 的滴水量，水从分配器中滴出，但不能聚成水流。分配器上有以 20mm～25.4mm 间隔点阵分布的滴水孔。采用的水分配器应有足够大的面，以覆盖样机的整个上表面。雨水中可加入荧光素一类的水溶性染料，以帮助定位和分析任何水渗漏
注意事项	1）适用于存在淋雨应用场景的开关电源 2）淋雨试验相关试验参数要求如下 ① 降雨强度：降雨和吹雨程序使用的降雨强度可以根据预期使用场所和持续时间加以剪裁，推荐 1.7mm/min 的降雨强度 ② 雨滴尺寸：降雨和吹雨程序以及强化程序，采用雨滴直径为 0.5～4.5mm，滴水程序采用分撒管，分撒管外加套聚乙烯套管将小雨滴增大到最大限度 ③ 风速：在暴雨期间，通常伴有 18m/s 的风速。除另有规定或已规定稳态条件外，推荐此风速；试验装置限制不能使用该风速情况下，可采用强化程序 ④ 样机暴露面：风吹雨对垂直表面的影响通常比对水平表面的影响更大，而对垂直或接近垂直方向的雨而言，其影响则正好相反，应使能落到或吹到雨的所有表面都暴露于试验条件下，试验时样机应转动，使所有易受损表面均暴露于试验条件下 ⑤ 水压：强化程序取决于水的压力，可按技术文件规定适当改变压力，但最小喷嘴压力为 276kPa ⑥ 预热温度：样机与雨水之间的温差能影响淋雨试验的结果，对密封的样机，在每个暴露周期开始时应使样机温度加热到高于水温 10℃，使样机内部产生负压，可更好的检验样机的水密性 ⑦ 试验持续时间：根据使用寿命决定样机暴露持续时间，但不少于各项试验程序规定的持续时间。对于由吸潮材料制成的样机，持续时间可以延长，以反映真实的寿命期试验，而对于这种样机的滴水试验，雨滴速率也要适当地减小；对特定电源，水的渗透和因此导致的性能退化主要是由于时间（暴露的时间长短）而非水的体积或者下雨/滴水的速度 ⑧ 样机的技术状态：样机在淋雨试验中的技术状态和放置方法是确定环境对样机影响的一个重要因素，除另有规定外，样机应按其预期的贮存、运输或使用状态来放置。除设计规范有要求外，不应使用任何密封垫圈、密封胶带、缝隙嵌塞等，同时也不应使用表面有污染油脂或油灰的样机

5.3.22　高温淋雨试验测试

高温淋雨试验测试见表 5-40。

表 5-40　高温淋雨试验测试

指标定义	开关电源对模拟高温高湿天气突降大雨，气温骤降条件下的适应能力（如热带雨林地区等），验证开关电源的 IPXX 等级防护及抗凝露能力
指标来源	GB/T 4208、GJB 150.9
所需设备	输入源、负载、高温淋雨试验箱、电压表、电流表
测试条件	依据规格书所规定的输入和输出要求测试
测试框图	
测试方法	试验前对被测开关电源的内部单板、外壳内侧壁、关键器件、散热器等关键部位贴湿敏试纸，将电源置于温湿试验箱中，额定输入、额定输出、典型负载工作，调节设备控制喷淋的大小和方向，设定试验在 70℃/95% RH 温湿度工作规定试验时间后，对电源外壳喷淋凉水，试验中监测电源工作状态，试验后对比试纸颜色变化，判断是否有凝露发生
注意事项	适用于在热带雨林环境中应用的开关电源

5.3.23　风压试验测试

风压试验测试见表 5-41。

表 5-41　风压试验测试

指标定义	产品在露天环境承受飓风袭击的能力和遭受飓风之后的适应能力
指标来源	GB/T 2423.41、GJB 150.21A
所需设备	风洞、输入源、负载、电压表、电流表
测试条件	试验风速取 15m/s、30m/s、35m/s、45m/s 和 52m/s 或按有关规定
测试框图	
测试方法	试验前对被测开关电源的基本功能性能指标进行初始测试、机械性能检测和外观检查 被测电源的试验仰角和方位角按规定参数设置，进行力和力矩的测量，完成静止状态测力；将风速提高到规定值，调整变换角度，测出力和力矩，按要求是否进行电性能参数测试，完成旋转状态测力。将电源按实际工况放置，调整规定风速，保持至少 10min 后对电源进行检查和性能测试，完成抗风稳定性测试；将开关电源按实际工况放置，调整规定风速，保持至少 10min，若有需要进行相隔 45° 的 8 个方向的强度测试，各方向试验时间为 5min，试验中对电源进行检查和性能测试，完成耐风强度测试 最后恢复常态，对被测开关电源的基本功能性能指标进行最终测试、机械性能检测和外观检查
注意事项	适用于室外抱杆或旗装等使用场景的开关电源

5.3.24 气体腐蚀试验测试

气体腐蚀试验测试见表5-42。

表5-42　气体腐蚀试验测试

指标定义	气体腐蚀测试用于确定开关电源产品在有腐蚀性的大气环境下工作、贮存的适应能力，特别是对电源的接触件与连接件影响较大 　　影响腐蚀的主要因素有温湿度、大气腐蚀性成分等。试验严苛程度取决于腐蚀性气体的种类和暴露持续时间。可以模拟大气中存在的二氧化氮、二氧化硫、硫化氢、氯气等各种腐蚀性气体，可进行单一或多种混合气体腐蚀试验，用于确定电工电子产品元件、设备与材料等抗腐蚀能力。硫化物通常来源于基建装修材料（如天花板）、铅酸电池含硫的酸性气体逸出、含硫绝缘脚垫等
指标来源	GB/T 2423.51、IEC 60068 – 2 – 42、IEC 60068 – 2 – 4、EIA – 364 – 65B、ISO 21207、GB/T 2423.33、GB/T 2423.19
所需设备	气体腐蚀试验箱、安规综合测试仪
测试条件	无包装，不通电
测试方法	试验前对开关电源上接触阻抗、导体阻抗进行测试，使开关电源暴露于氯或硫化气体中4~7天后，观察金属表面腐蚀程度，再次对接触阻抗、导体阻抗进行测试，对比试验前后接触阻抗和导体阻抗的变化情况，若出现异常腐蚀现象时通常会使用能量分散X光谱仪进行失效分析将可发现异常原因
注意事项	适用于具有金/银材料、电子连接器、FFC/FPC等的开关电源抗气体腐蚀能力验证测试

5.4　外场环境适应性测试

5.4.1　盐雾外场试验测试

盐雾外场试验测试见表5-43。

表5-43　盐雾外场试验测试

指标定义	开关电源对盐雾外场应用环境的适应能力 与模拟试验相比，作用应力更复杂多变，是真实应用场景的加严，如海南盐雾外场
指标来源	产品规格书
所需设备	输入源、负载、盐雾试验外场（如下所示）、电压表、电流表 盐雾试验外场（图片来源于GCTC）

（续）

测试条件	依据规格书所规定的输入和输出要求测试
测试框图	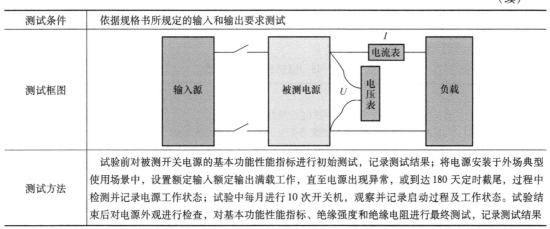
测试方法	试验前对被测开关电源的基本功能性能指标进行初始测试，记录测试结果；将电源安装于外场典型使用场景中，设置额定输入额定输出满载工作，直至电源出现异常，或到达180天定时截尾，过程中检测并记录电源工作状态；试验中每月进行10次开关机，观察并记录启动过程及工作状态。试验结束后对电源外观进行检查，对基本功能性能指标、绝缘强度和绝缘电阻进行最终测试，记录测试结果

5.4.2 沙尘外场试验测试

沙尘外场试验测试见表 5-44。

表 5-44 沙尘外场试验测试

指标定义	开关电源对沙尘外场应用环境的适应能力 与模拟试验相比，作用应力更复杂多变，是真实应用场景的加严，如敦煌沙尘外场
指标来源	产品规格书
所需设备	输入源、负载、沙尘试验外场（如下图所示）、电压表、电流表 沙尘试验外场（图片来源于敦煌试验站）
测试条件	依据规格书所规定的输入和输出要求测试
测试框图	
测试方法	试验前对被测开关电源的基本功能性能指标进行初始测试，记录测试结果；将电源安装于外场典型使用场景中，设置额定输入、额定输出、满载工作，直至电源出现异常，或到达180天定时截尾，过程中检测并记录电源工作状态；试验中每月进行10次开关机，观察并记录启动过程及工作状态。试验结束后对电源外观进行检查，对基本功能性能指标、绝缘强度和绝缘电阻进行最终测试，记录测试结果

5.4.3 湿热外场试验测试

湿热外场试验测试见表 5-45。

表 5-45 湿热外场试验测试

指标定义	开关电源对湿热外场应用环境的适应能力 与模拟试验相比，作用应力更复杂多变，是真实应用场景的加严，如西双版纳湿热外场
指标来源	产品规格书
所需设备	输入源、负载、湿热试验外场（如下图所示）、电压表、电流表  湿热试验外场（图片来源于版纳试验站）
测试条件	依据规格书所规定的输入和输出要求测试
测试框图	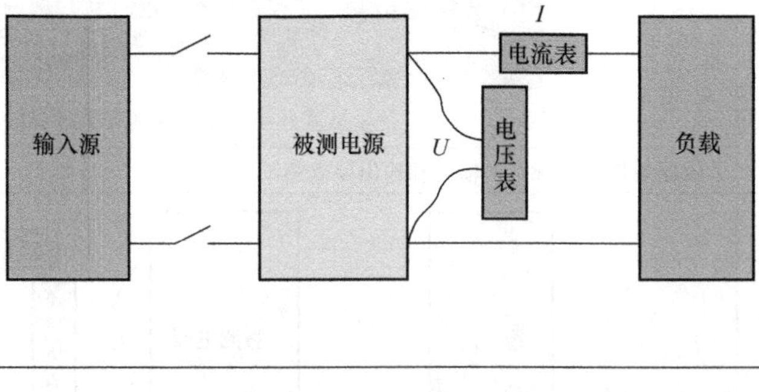
测试方法	试验前对被测开关电源的基本功能性能指标进行初始测试，记录测试结果；将电源安装于外场典型使用场景中，设置额定输入、额定输出、满载工作，直至电源出现异常，或到达 180 天定时截尾，过程中检测并记录电源工作状态；试验中每月进行 10 次开关机，观察并记录启动过程及工作状态。试验结束后对电源外观进行检查，对基本功能性能指标、绝缘强度和绝缘电阻进行最终测试，记录测试结果

5.4.4　低气压外场试验测试

低气压外场试验测试见表5-46。

表5-46　低气压外场试验测试

指标定义	开关电源对低气压外场应用环境的适应能力 与模拟试验相比，作用应力更复杂多变，是真实应用场景的加严，如拉萨低气压外场
指标来源	产品规格书
所需设备	输入源、负载、低气压试验外场（如下图所示）、电压表、电流表  低气压试验外场（图片来源于拉萨试验站）
测试条件	依据规格书所规定的输入和输出要求测试
测试框图	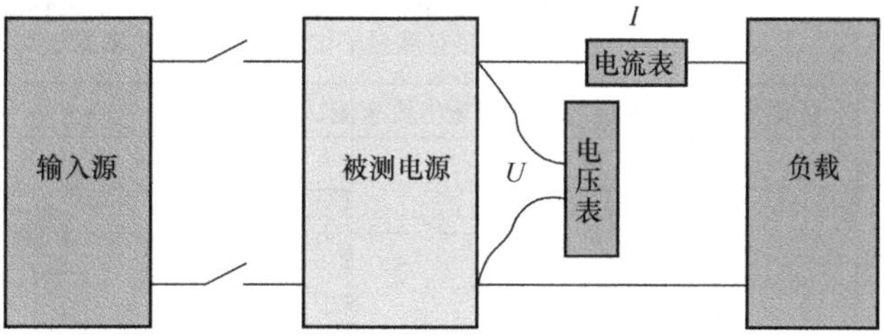
测试方法	试验前对被测开关电源的基本功能性能指标进行初始测试，记录测试结果；将电源安装于外场典型使用场景中，设置额定输入、额定输出、满载工作，直至电源出现异常；或到达180天定时截尾，过程中检测并记录电源工作状态；试验中每月进行10次开关机，观察并记录启动过程及工作状态；试验结束后对电源外观进行检查，对基本功能性能指标、绝缘强度和绝缘电阻进行最终测试，记录测试结果

5.4.5 暴晒外场试验测试

暴晒外场试验测试见表5-47。

表 5-47　暴晒外场试验测试

指标定义	开关电源对高温暴晒外场应用环境的适应能力 　　与模拟试验相对比，作用应力更复杂多变，是真实应用场景的加严。国内有吐鲁番和广州两个暴晒基地；火焰山暴晒基地，是极端干热环境自然暴露试验基地，俗称火场暴晒。广州暴晒基地，是极端湿热环境自然暴露试验基地
指标来源	产品规格书
所需设备	输入源、负载、电压表、电流表、暴晒试验外场  干热自然暴晒试验外场（图片来源于 China – Baiyun）  湿热自然暴晒试验外场（图片来源于 alwindoor）
测试条件	依据规格书所规定的输入和输出要求测试
测试框图	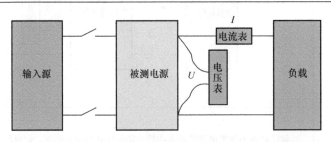
测试方法	试验前对被测开关电源的基本功能性能指标进行初始测试，记录测试结果；将电源安装于外场典型使用场景中，若有全自动跟随太阳移动设备更好，设置额定输入、额定输出、满载工作，直至电源出现异常，或到达180天定时截尾，过程中检测并记录电源工作状态。试验中每月进行 10 次开关机，观察并记录启动过程及工作状态；试验结束后对电源外观进行检查，通过电脑给出色差分析，对基本功能性能指标进行最终测试，记录测试结果，判断测试结果是否满足要求

5.4.6　极寒外场试验测试

极寒外场试验测试见表 5-48。

表 5-48　极寒外场试验测试

指标定义	开关电源对极冷外场应用环境的适应能力 与模拟试验相比，作用应力更复杂多变，是真实应用场景的加严，如漠河极冷试验外场
指标来源	产品规格书
所需设备	输入源、负载、极寒试验外场、电压表、电流表
测试条件	依据规格书所规定的输入和输出要求测试
测试框图	
测试方法	试验前对被测开关电源的基本功能性能指标进行初始测试，记录测试结果；将电源安装于外场典型使用场景中，设置额定输入、额定输出、满载工作，直至电源出现异常，或到达 180 天定时截尾，过程中检测并记录电源工作状态；试验中每月进行 10 次开关机，观察并记录启动过程及工作状态；试验结束后对电源外观进行检查，对基本功能性能指标进行最终测试，记录测试结果，判断测试结果是否满足要求

第6章　开关电源复合应力适应性测试

复合适应性测试是指开关电源对输入类型及输入参数、输出类型及输出参数和环境因素同时变动的适应能力。在这些应力变动时，开关电源的功能和性能等可能会降低，也可能导致电源损坏。对指标降低或损坏进行根因分析，实施改进措施，再次完成验证测试，如此不断优化直至达成目标。

6.1　一般复合应力测试

6.1.1　输入输出复合应力测试

输入输出复合应力测试见表6-1。

表6-1　输入输出复合应力测试

指标定义	被测开关电源承受输入和输出同时变化时的适应能力
指标来源	行业规范、产品规格书
所需设备	输入可编程源、电子负载、示波器、电流表
测试条件	依据规格书所规定的输入和输出要求测试
测试框图	
测试方法	设置开关电源额定输入、额定输出、满载工作，分别调节可编程交流源使输入电压在电压范围上限和电压范围下限之间或不降载上下限之间切换，持续时间为1min或规定时间，同时分别设置负载在25%~50%、50%~75%和0%~100%、0%~限流、空载~短路和满载~短路之间动态变化，持续时间为1~10s或规定试验时间，每种工况条件下持续测试规定试验时间
注意事项	1）负载电流变化率设定为0.1A/μs、0.2A/μs、2A/μs或按规格书要求 2）具有输入降载设计的开关电源需根据设计调节负载大小

6.1.2　输入输出温度复合应力测试

输入输出温度复合应力测试见表6-2。

表6-2　输入输出温度复合应力测试

指标定义	被测开关电源承受、输入电压、输出电压、输出负载和试验温度多种应力来暴露产品的设计缺陷
指标来源	行业规范、产品规格书
所需设备	输入可编程源、电子负载、高低温试验箱、示波器、电流表
测试条件	依据规格书所规定的输入和输出要求测试
测试框图	
测试方法	设置开关电源额定输入、额定输出工作，调节高低温试验箱环境温度为常温，分别调节可编程交流源使输入电压在电压范围上限和电压范围下限之间或不降载上下限之间切换，持续时间为1min或规定时间，同时分别设置负载25%~50%、50%~75%、0%~100%、0%~限流、空载短路和满载短路动态变化，持续时间1~10s或规定时间，每种工况持续测试规定试验时间，以5℃为步长逐渐增加环境温度，重复上述操作，直到达到环境温度上限，测试中观察并记录开关电源工作情况
注意事项	1）负载电流变化率设定为0.1A/μs、0.2A/μs、2A/μs或按规格书要求； 2）具有输入降载和温度降载设计的开关电源需根据设计调节负载大小

6.1.3　四角复合应力测试

四角复合应力测试见表6-3。

表6-3　四角复合应力测试

指标定义	被测开关电源承受环境温度/基板温度设计极限应力（STL——低温设计极限、STH——高温设计极限）、环境温度/基板温度工作极限应力（LOT——低温工作极限、HOT——高温工作极限）、输入电压极限应力来暴露产品的设计缺陷
指标来源	行业规范、产品规格书
所需设备	输入源、电子负载、高低温试验箱、示波器、电流表
测试条件	依据规格书所规定的输入和输出要求测试
测试框图	

（续）

测试方法	

四角复合应力测试流程如下图所示：

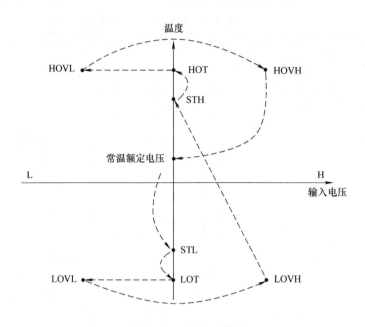

四角复合应力测试流程图

设置并启动被测开关电源额定输入、额定输出工作，调节环境/基板温度至 STL，待稳定后进行电源基本功能性能指标测试；调节环境/基板温度至 LOT，待稳定后进行电源基本功能性能指标测试，断电后对电源启动性能进行测试；保持环境/基板温度不变，逐渐调低输入电压至低温低压工作极限——LOVL，待稳定后进行电源基本功能性能指标测试；保持环境/基板温度不变，逐渐调低输入电压至低温高压工作极限——LOVH，待稳定后进行电源基本功能性能指标测试；调节环境/基板温度至 STH，调节输入为额定输入，待稳定后进行电源基本功能性能指标测试；调节环境/基板温度至 HOT，待稳定后进行电源基本功能性能指标测试，断电后对电源启动性能进行测试；保持环境/基板温度不变，逐渐调低输入电压至高温低压工作极限——HOVL，待稳定后进行电源基本功能性能指标测试；保持环境/基板温度不变，逐渐调低输入电压至高温高压工作极限——HOVH，待稳定后进行电源基本功能性能指标测试；恢复常温额定输入，待稳定后进行电源基本功能性能指标测试；试验结束后给出产品的设计极限和工作极限，根据规范要求决定是否对测试问题进行改进优化及验证测试

注意事项	

1）在寻找电源工作极限测试过程中，当发现电源功能性能下降后，需不断回调直到电源达到正常状态，此点即为电源的工作极限

2）测试中有异常，先进行定位、分析，不要立即复位或重启

3）不能自行复位的问题作产品设计缺陷处理

4）对自然散热产品，可打开机壳或裸露单板测试，以便温度能够快速施加到单板器件上，使试验效果更佳

6.1.4　四角加强复合应力测试

四角加强复合应力测试见表6-4。

表6-4　四角加强复合应力测试

指标定义	被测开关电源在四角测试基础上的加严测试，在极限电压上叠加温度循环，考察开关电源在状态切换时的可靠性
指标来源	行业规范、产品规格书
所需设备	输入源、电子负载、高低温试验箱、示波器、电流表
测试条件	依据规格书所规定的输入和输出要求测试
测试框图	
测试方法	设置环境/基板温度在 HOT 和 LOT 之间循环，每个温度持续时间不小于 30min，温度变化率不小于 15℃/min，同时设定输入电压在高压工作极限电压——HOVC 和低压工作极限电压——LOVC 之间切换，每个电压状态持续时间为 5 个温度循环周期，切换周期为 5 个循环 注：LOVC = Max（LOVL, LOVH），HOVC = Min（HOVL, HOVH）
注意事项	1）测试中有异常，先进行定位、分析，不要立即复位或重启 2）不能自行复位的问题作产品设计缺陷处理 3）对自然散热产品，可打开机壳或裸露单板测试，以便温度能够快速施加到单板器件上，使试验效果更好

6.2　复合应力加速测试

6.2.1　HALT 测试

HALT 测试见表6-5。

表6-5　HALT 测试

指标定义	高加速寿命检测（Highly Accelerated Life Test，HALT）是设计研制阶段的可靠性激发试验，采用对产品系统地施加步进应力的方法，让产品承受逐步增加的环境应力、电压应力、振动应力和附加应力（如电源通断、频率拉偏）来加速并暴露产品设计缺陷和薄弱点，确定产品的工作极限和破坏极限，为产品提供改进设计信息。HALT 更重要的是失效的分析，只有准确分析才能真正改善产品极限。HALT 能确切了解工作极限和损坏极限，为制定 HASS（Highly Accelerated Stress Screen，HASS）方案，确定应力量级提供依据。HALT 会造成产品的损伤，试验之后的产品严禁商用
指标来源	GB/T 29309、GB/T 2689、IPC 9592
所需设备	输入源、电子负载、HALT 试验箱、示波器、电流表
测试条件	依据规格书所规定的输入电压、输出电压和输出负载要求
测试框图	

（续）

测试方法	HALT 是通过步进、交变应力方法，逐步将单一应力或组合应力施加到产品上，并留出足够多的时间进行产品检测以便于故障观测；随着试验的逐步进行，会找出产品的第一个故障。随着试验的继续进行，步进应力不断增加或步骤的变化，将出现第二个故障，第三个故障，直至产品的功能完丧失，或试验设备不能再继续提供更高的应力值输出，此时试验结束，这一过程需要详细的记录产品发生变化信息，包括发生的时间、对应应力的条件、故障模式以及相关参数等信息。对开关电源故障分析清楚，实施改进措施后，重新验证，并逐渐增加应力继续试验

HALT 试验中的检测项目：

1）试验前常温工作测试

2）步进低温工作试验

3）低温启动试验

4）步进高温工作试验

5）高低温循环试验

6）步进随机振动试验

7）高低温循环与步进随机振动结合的综合试验

8）低温与随机振动结合的综合试验（选做）

9）高温与随机振动结合的综合试验（选做）

HALT 试验的试验过程：

（1）搭建试验环境

1）把试验样机置于试验箱内，如果是振动试验，必须用夹具固定样机

2）把电源线、信号线及监视用电缆等引线通过试验箱出线口引出，与外面电源、监测设备等正确相连

3）对试验样机按规律编号，以便于试验过程的记录

4）配置仪表，样机上电，使样机工作正常

5）样机断电，给样机温度、振动关键检测点粘贴热电偶和振动加速计

（2）试验前常温工作测试

搭建试验环境完成后，对样机进行测试，一是可以确认样机在正常工作条件下是符合规格要求，二是测量常温工作条件下关键部位的温升

（3）步进低温工作试验

从样机低温规格限开始，步进降温，步进步长一般为 10℃，接近极限时步长取 5℃。如果已有其他样机做过本试验项目，并确定失效温度点距离规格限较远，为缩短试验时间，步长可以为 20℃。每个温度台阶的停留时间应足够长，使得产品的每个器件的温度稳定下来，每个温度台阶必须进行完整的功能测试

试验中满足以下任意一个条件，本项目即可停止：一是低温达到或超过了极限值或试验样机在某个温度点附近一致失效；二是达到了试验箱的极限；三是达到了样机材料所能承受应力的物理极限。如果产品发生了失效，温度回升至上一个温度台阶，判断失效为运行极限还是破坏极限。如果试验满足终止条件后样机依然没有失效，则把当时最低的温度试验条件定为样机的运行极限。如果找到了某个样机运行极限或操作极限，但还不满足试验结束条件，则更换样机，继续试验

（4）低温启动试验

低温启动试验和步进低温工作试验结合在一起做，低温启动从 -20℃ 开始，如果启动成功，则以 10℃ 为步长降温，接近极限时步长为 5℃。如果启动不成功，以 10℃ 为步长升温，接近样机低温规格限时，步长为 5℃。样机断电，试验箱保持低温，监测机内温度，直至温度平衡，再停留 10 分钟，保证内部被冷透，样机上电，监测样机性能，根据性能指标判断是否启动成功

（5）步进高温工作试验

从样机高温规格限开始，步进升温，步进步长一般为 10℃，接近极限时步长取 5℃。如果已有同种产品的其他样机做过本试验项目，并确定失效温度点距规格限较远，为缩短试验时间，步长可以为 20℃。每个温度台阶的停留时间应足够长，使得产品的每个器件的温度稳定下来，每个温度台阶必须

（续）

测试方法	进行完整的功能测试

进行完整的功能测试

　　试验中满足以下任意一个条件，本项目即可停止：一是温度达到或超过了高温极限温度值，或试验样机在某个温度点附近一致失效；二是达到了试验箱的极限；三是达到了样机材料所能承受应力的物理极限，比如塑料熔化。如果产品发生了失效，温度下降至上一个温度台阶，判断失效为运行极限还是破坏极限

　　如果试验满足终止条件后样机依然没有失效，则把当时最高的温度试验条件定为样机的运行极限。如果找到了某个样机的运行极限或操作极限，但还没有达到试验结束条件，则更换样机，继续试验

　　如果电路有一些已知的热的敏感点，在升温中采用必要方法屏蔽掉这些部位，比如局部制冷或加强散热，以发现样机其他部分的缺陷

　　（6）高低温循环试验

　　一般进行 5 个循环，最少要进行 3 个温度循环，除非产品发生破坏性失效。温度变化速率取试验箱的最大温变能力，如果在温度变化时样机失效，则降低温度变化率

　　温度循环的温度极点取低温操作极限 +5℃，高温操作极限 −5℃。在两个温度极点至少等产品到达温度设定点后再停留 5 分钟，如果产品体积很大或热容量很大，应适当延长停留时间。尽可能在温度变化时完成完整的功能测试。如果试验时间紧急，可以不做此项测试，因为后面的温度循环与振动的综合试验中包含了此种应力，但推荐尽可能做此项测试

　　（7）步进随机振动试验

　　首先了解产品对振动的大致响应，然后用合适的夹具把样机固定在振台上，在样机合适部位安装加速度计。选择加速计安装部位的原则为：

　　1）用有限数量（如 6 通道）加速计，监视样机尽可能全面的振动情况

　　2）步进起始振动为 1～10Grms，推荐 5Grms

　　3）步进步长为 1～10Grms，推荐 5Grms

　　4）每个振动台阶停留 5min，并完成完整的功能测试

　　5）在振动强度超过 20Grms 时，每个振动台阶完毕，把振动值调至（5±3）Grms，并做功能测试，有利于故障的暴露

　　6）试验中满足以下任意一个条件，本项目即可停止：一是振动达到或超过了振动极限值，或试验样机在某个振动点附近一致失效。二是达到了试验箱的极限。三是达到了样机材料所能承受应力的物理极限，比如表贴器件管脚断裂

　　如果产品发生故障，将振动强度调回上一个应力台阶，判断该失效为运行极限还是破坏极限。如果试验满足终止条件后被测样机依然没有失效，则把当时最低的试验条件定为样机的振动运行极限；如果找到了某个样机的运行极限或操作极限，但还没有达到试验结束条件，则更换样机，继续试验。

　　（8）高低温循环与步进随机振动结合的综合试验

　　振动极限值取步进振动试验中的操作极限：

　　1）高、低温极限值与纯粹的高低温循环试验相同

　　2）共计 5 个循环

　　3）第一个循环的振动设定值为振动极限值的 1/5，步长同样为振动极限值的 1/5

　　4）推荐每个振动台阶完毕，把振动值调至（5±3）Grms，并做功能测试，有利于故障的暴露

　　5）在每个温度停留点进行完整的功能测试，最好全程监测产品性能

　　（9）低温与随机振动结合的综合试验（选做）

　　如果在温度循环与随机振动的综合试验中样机在温度循环的低温段出现软故障，则可以开展本试验项目，用于试验问题的定位，试验分两类：

　　1）步进振动的低温试验：温度取低温操作极限或略高 5℃，进行步进随机振动试验，试验步骤与步进随机振动试验相同，振动极限值取振动运行极限或略低于 5Grms

　　2）步进低温的振动试验：振动取振动操作极限或略低于 5Grms，进行步进低温试验，试验步骤与步进低温工作试验相同，温度极限值取样机的温度运行极限或略低 5℃

（续）

测试方法	（10）高温与随机振动结合的综合试验（选做） 如果在温度循环与随机振动的综合试验中样机在温度循环的高温段出现软故障，则可以开展本试验项目，用于试验问题的定位，试验分两类： 1）步进振动的高温试验：温度取高温操作极限或略低于5℃，进行步进随机振动试验，试验步骤与步进随机振动试验相同，振动极限值取振动运行极限或略低于5G 2）步进高温的振动试验：振动取振动操作极限或略低于5G，进行步进高温试验，试验步骤与步进高温工作试验相同，温度极限值取样机的温度运行极限或略低于5℃ 【实例1】低温应力步进试验 1）被测开关电源置于HALT试验箱中，设置额定输入额定输出满载工作，设定试验温度为工作温度下限+5℃，以−5℃为步长，温度稳定后每个阶段保持30min，然后进行5次开关机和主要指标测试，测量并记录关键器件温升 2）直到找到电源的工作极限温度点和破坏极限温度点，例如环境温度到达工业品电源要求（工作极限−40℃、破坏极限−50℃）、军品电源要求（工作极限−55℃、破坏极限−65℃）或产品规格书要求，还没有检测出电源极限温度点时结束该阶段的试验；若电源出现损坏，查找损坏原因，进行机械、物理特性检查，修复后继续试验，原则上不更换试验样机 3）分别设置额定输入、额定输出、50%负载和10%负载工作，重复上述步骤，直到到达产品规格书要求，给出电源不同负载下低温工作的极限温度点和破坏极限温度点 【实例2】高温应力步进试验 1）被测开关电源置于HALT试验箱中，设置额定输入、额定输出、满载工作，设定试验温度为工作温度上限−5℃，以+5℃为步长，温度稳定后每个阶段保持30min，然后进行5次开关机和主要指标测试，检测并记录关键器件温升 2）直到找到电源的工作极限温度点和破坏极限温度点，例如环境温度到达工业品电源要求（工作极限85℃、破坏极限105℃）、军品电源要求（工作极限125℃、破坏极限150℃）或产品规格书要求，还没有检测出电源极限温度点，结束该阶段的试验。若试验过程中开关电源出现损坏，查找损坏原因，进行机械、物理特性检查，修复后继续试验，原则上不更换试验样机 3）设置额定输入、额定输出、50%负载，设定试验温度为工作温度上限−5℃，以+5℃为步长，温度稳定后每个阶段保持30min，然后进行5次开关机和主要指标测试，检测并记录关键器件温升；直到找到电源的工作极限温度点和破坏极限温度点，或达到产品规格书要求。若试验过程中电源出现损坏，查找损坏原因，进行机械、物理特性检查，修复后执行后续试验，原则上不更换试验样机 4）设置额定输入、额定输出、10%负载，设定试验温度为工作温度上限−5℃，以+5℃为步长，温度稳定后每个阶段保持30min，然后进行5次开关机和主要指标测试，检测并记录关键器件温升，直到找到电源的工作极限温度点和破坏极限温度点，或达到产品规格书要求；若试验过程中电源出现损坏，查找损坏原因，进行机械、物理特性检查，修复后执行后续试验，原则上不更换试验样机 5）给出电源不同负载下高温工作的极限温度点和破坏极限温度点 【实例3】快速温变试验 1）电源置于HALT试验箱中，设置额定输入、额定输出、满载工作，设定试验温度在工作温度下限+10℃和工作温度上限−10℃切换，切换时温度变化率不低于60℃/min，稳定后每个阶段保持30min，进行5次开关机和主要指标测试，循环5次 2）若电源出现损坏，查找损坏原因，进行机械、物理特性检查，修复后执行后续试验，原则上不更换试验样机 3）分别设置额定输入、额定输出、50%负载和10%负载工作，重复上述步骤 【实例4】随机振动步进试验 1）被测开关电源置于HALT试验箱中，设置额定输入额定输出满载工作，设定试验温度为常温，振动起始5Grms，以5Grms为步长，每个阶段保持30min，然后进行5次开关机和主要指标测试，检测并记录电源工作状态

（续）

测试方法	2）直到找到电源的工作极限振动点和破坏极限振动点，例如环境温度到达工业品电源要求（工作极限 30Grms、破坏极限 40Grms）、军品电源要求（工作极限 40Grms、破坏极限 50Grms）或产品规格书要求，还没有检测出电源极限温度点，结束该阶段的试验；若电源出现损坏，查找损坏原因，进行机械、物理特性检查，修复后执行后续试验，原则上不更换试验样机 3）给出电源的振动工作极限点和振动破坏极限点
注意事项	1）HALT 试验在产品开发早期开展，以尽早执行为宜 2）各种应力类型的试验顺序遵守原则：先试验破坏性比较弱的应力类型，然后再试验破坏性比较强的应力，一般试验顺序为低温 – 高温 – 快速温变 – 振动 – 温度与振动综合应力 3）被测电源需拆除塑胶件，屏蔽高低温限流、限功率及高温保护等功能 4）高加速应力试验诠释请参阅 1.6.5 节

6.2.2　HASS 测试

HASS 测试见表 6-6。

表 6-6　HASS 测试

指标定义	高加速应力筛选（High Accelerated Stress Screen，HASS）应用于产品的生产阶段，需先做 HALT 找出条件，才能开展 HASS 筛选，100% 检测，剔退不良的产品，找出早期失效，消除生产线上制造的脆弱环节，HASS 还能够确保不会由于生产工艺和元器件的改动而引入新的缺陷。HASS 是一种通过性测试，是量产质量控制，不能造成产品的损伤
指标来源	GB/T 29309、GJB 1032、GB/T 2689
所需设备	输入源、电子负载、HASS 试验箱、电压表、电流表
测试条件	依据规格书所规定的输入电压、输出电压和输出负载要求
测试框图	
测试方法	HASS 测试包括三个主要试程： （1）HASS Development（设计 HASS 的测试条件） 　　HASS 测试计划必须参考前面 HALT 测试所得到的结果，一般是将温度及振动合并应力中的高、低温度的可操作界限缩小 20%，而振动条件则以破坏界限 Grms 值的 50% 作为 HASS 试验计划的初始条件，然后再依据此条件开始执行温度及振动合并应力测试，并观察被测物是否有故障出现。如有故障出现，须先判断是因过大的环境应力造成的，还是由被测物本身的质量引起的。如因环境应力过大时，应再放宽温度及振动应力 10% 再进行测试，若因产品质量引起时表示目前测试条件有效；如无故障情况发生，则须再加严测试环境应力 10% 再进行测试 （2）Proof – of – Screen（HASS 计划验证阶段） 　　对第一步设计的试验条件进行验证，在建立 HASS Profile（HASS 程序）时应注意两个原则，首先须能检测出可能造成设备故障的隐患；其次经试验后不致造成设备损坏或内伤

（续）

测试方法	为了确保 HASS 测试计划阶段所得到的结果符合上述两个原则，需准备 3 个试验品，并在每个试品上制作一些未依标准工艺制造或组装的缺陷，如零件浮插、虚焊及组装不当等。以 HASS 试验计划阶段所得到的条件测试各试验品，并观察各试验品上的人造缺陷是否能被检测出来，以决定是否加严或放宽测试条件，而能使 HASS Profile 达到预期效果 　在完成有效性测试后，应再以新的试验品，以调整过的条件测试 30～50 次，如皆未发生因应力不当而被破坏的现象，此时即可判定 HASS Profile 通过计划验证阶段测试，并可作为 Production HASS 使用，否则须再修正，调整测试条件以获得最佳的组合 　（3）Production HASS（执行） 　任何一个经过 Proof - of - Screen 考验过的 HASS Profile 皆被视为快速有效的质量筛选利器，但仍须配合产品经客户使用后所回馈的异常再做适当的调整。另外，当设计变更时，亦相应修改测试条件（根据新的设计，需要重新做 HALT 试验，并且做相应的 HASS 设计和验证）
注意事项	适用于开关电源批量生产阶段全检

6.2.3　HASA 测试

HASA 测试见表 6-7。

表 6-7　HASA 测试

指标定义	高加速应力稽核（Highly Accelerated Stress Audit，HASA）是一种在产品批量生产阶段使用抽样理论的筛选测试方法，是经过 HASS 后产品失效率在可接受范围内再进行的高加速应力稽核。与 HASS 差别在非 100% 检测，用抽测方式进行
指标来源	GB/T 29309、GJB 1032、GB/T 2689
所需设备	输入源、电子负载、HASS 试验箱、电压表、电流表
测试条件	依据规格书所规定的输入电压、输出电压和输出负载要求
测试框图	
测试方法	同 HASS 测试方法
注意事项	适用于开关电源批量生产阶段抽检稽核

第7章　开关电源安全性测试

安全性测试是指开关电源安规认证中的一部分，是基于保护使用者、环境安全和质量的一种产品验证测试，开关电源安规认证包含七大安全因素：防电击（Electric Shock）、能量危险（Energy Related Hazards）、防火（Fire）、热量危险（Heat Related Hazards）、机械危险（Mechanical Hazards）、辐射（Radiation）和化学危险（Chemical Hazards），产品必须满足以上各项要求才能准入市场。

7.1　防电击危险测试

7.1.1　绝缘强度测试

绝缘强度测试见表7-1。

表7-1　绝缘强度测试

指标定义	被测开关电源各端子、接地之间的耐受电压要求
指标来源	IEC/EN 60950－1、IEC/EN 62109－1、GB 4943.1
所需设备	安规综合测试仪
测试条件	无包装，不通电
测试框图	
测试方法	在开关电源输入和输出之间施加50Hz规定交流电压（或等效直流电压）1min，记录泄漏电流，测试中观察是否有击穿或飞弧现象；在开关电源输入和地之间施加50Hz规定交流电压（或等效直流电压）1min，记录泄漏电流，测试中观察是否有击穿或飞弧现象；在开关电源输出和地之间施加50Hz规定交流电压（或等效直流电压）1min，记录泄漏电流，测试中观察是否有击穿或飞弧现象
注意事项	1）设备需置于绝缘垫片上 2）拆除被测设备防雷电路，输入输出分别短接 3）测试前先短接安规测试仪线缆进行试测，以检查线缆连接是否良好 4）有绝缘要求的信号端子按上述方法执行测试 5）输入和输出测试要求适用于输入输出隔离类型的开关电源 6）生产时绝缘强度测试可适当减少测试持续时间

7.1.2 潮湿绝缘强度测试

潮湿绝缘强度测试见表7-2。

表7-2 潮湿绝缘强度测试

指标定义	被测开关电源在高温高湿下的绝缘强度
指标来源	IEC/EN 60950 – 1、IEC/EN 62109 – 1、GB 4943.1
所需设备	安规综合测试仪
测试条件	无包装，不通电 测试前需对被测样机进行预处理（如三防涂覆）
测试框图	
测试方法	在正常大气压下，环境温度（40±2）℃相对湿度为（93±3）% RH 贮存 120h（热带气候），或环境温度 20~30℃（不会产生凝露的任一温度）相对湿度为（93±3）% RH 贮存 48h（非热带气候），不能出现凝露，设置试验电压为规定值，在输入和输出之间施加规定电压 1min，测量并记录泄漏电流；在电源输入和地之间施加规定电压 1min，测量并记录泄漏电流；在输出和地之间施加规定电压 1min，测量并记录泄漏电流
注意事项	1）设备需置于绝缘垫片上 2）拆除被测设备防雷电路，输入输出分别短接 3）测试前先短接安规测试仪线缆进行试测，以检查线缆连接是否良好 4）有绝缘要求的信号端子按上述方法执行测试 5）输入和输出测试要求适用于输入输出隔离类型的开关电源

7.1.3 绝缘强度极限测试

绝缘强度极限测试见表7-3。

表7-3 绝缘强度极限测试

指标定义	被测开关电源各端子、接地之间的耐受电压极限 该测试为高加速应力测试，目的是找出产品在该应力下的薄弱点
指标来源	产品规格书
所需设备	安规综合测试仪
测试条件	无包装，不通电 测试前需对被测样机进行预处理

（续）

测试框图	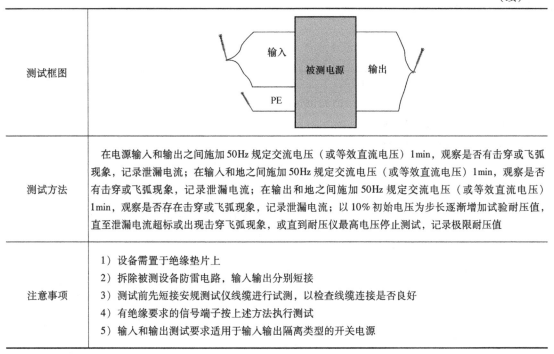
测试方法	在电源输入和输出之间施加 50Hz 规定交流电压（或等效直流电压）1min，观察是否有击穿或飞弧现象，记录泄漏电流；在输入和地之间施加 50Hz 规定交流电压（或等效直流电压）1min，观察是否有击穿或飞弧现象，记录泄漏电流；在输出和地之间施加 50Hz 规定交流电压（或等效直流电压）1min，观察是否存在击穿或飞弧现象，记录泄漏电流；以 10% 初始电压为步长逐渐增加试验耐压值，直至泄漏电流超标或出现击穿飞弧现象，或直到耐压仪最高电压停止测试，记录极限耐压值
注意事项	1）设备需置于绝缘垫片上 2）拆除被测设备防雷电路，输入输出分别短接 3）测试前先短接安规测试仪线缆进行试测，以检查线缆连接是否良好 4）有绝缘要求的信号端子按上述方法执行测试 5）输入和输出测试要求适用于输入输出隔离类型的开关电源

7.1.4 冲击耐压测试

冲击耐压测试见表 7-4。

表 7-4 冲击耐压测试

指标定义	被测开关电源各端子、接地之间的耐受冲击电压要求
指标来源	产品规格书
所需设备	输入源、负载、示波器、浪涌发生器、电流表
测试条件	依据规格书所规定的输入和输出要求
测试框图	
测试方法	设置并启动电源，额定输入、额定输出、80% 负载工作，分别对输入端口之间、输入端口对地之间施加规定电压值的标准雷电波冲击电压，正负极性各 3 次，脉冲波形 1.2/50μs，每次间隔不小于 5s，阻抗 500Ω，试验中测量并记录电源工作状态，试验部位不应该出现击穿放电，允许出现不导致绝缘损坏的闪络，若出现闪络，复查绝缘强度
注意事项	设备需置于绝缘垫片上，不拆除防雷电路

7.1.5 绝缘电阻测试

绝缘电阻测试见表7-5。

表7-5 绝缘电阻测试

指标定义	检测电源的绝缘电阻情况
指标来源	IEC/EN 60950－1、IEC/EN 62109－1、GB 4943.1
所需设备	安规综合测试仪
测试条件	无包装，不通电
测试框图	
测试方法	在开关电源输入和输出之间施加规定电压1min，测量并记录绝缘电阻值；在开关电源输入和地之间施加规定电压1min，测量并记录绝缘电阻值；在开关电源输出和地之间施加规定电压1min，测量并记录绝缘电阻值；判断试验结果是否满足要求
注意事项	1）设备需置于绝缘垫片上 2）拆除被测设备防雷电路，输入输出分别短接 3）测试前先短接安规测试仪线缆进行试测，以检查线缆连接是否良好 4）有绝缘要求的信号端子按上述方法执行测试 5）输入和输出测试要求适用于输入输出隔离类型的开关电源

7.1.6 潮湿绝缘电阻测试

潮湿绝缘电阻测试见表7-6。

表7-6 潮湿绝缘电阻测试

指标定义	被测开关电源在高温高湿下的绝缘电阻
指标来源	IEC/EN 60950－1、IEC/EN 62109－1、GB 4943.1
所需设备	安规综合测试仪
测试条件	无包装，不通电，测试前需对被测样机进行预处理（如三防涂覆）
测试框图	

（续）

测试方法	在正常大气压下，环境温度 20～30℃，相对湿度为（93±3）% RH，贮存 120h，不能出现凝露，设置试验电压为规定值，在电源输入和输出之间施加规定电压 1min，测量并记录绝缘电阻值；在电源输入和地之间施加规定电压 1min，测量并记录绝缘电阻值；在电源输出和地之间施加规定电压 1min，测量并记录绝缘电阻值，判断结果是否满足要求
注意事项	1）设备需置于绝缘垫片上 2）拆除被测设备防雷电路，输入输出分别短接 3）测试前先短接安规测试仪线缆进行试测，以检查线缆连接是否良好 4）有绝缘要求的信号端子按上述方法执行测试 5）输入和输出测试要求适用于输入输出隔离类型的开关电源

7.1.7　接地连续性测试

接地连续性测试见表 7-7。

表 7-7　接地连续性测试

指标定义	检测开关电源的接地电阻。可检测出接地点螺钉未旋紧，接地线径太小，接地线路断路等问题
指标来源	IEC/EN 60950 – 1、IEC/EN 62109 – 1、GB 4943.1
所需设备	接地电阻测试仪/安规综合测试仪
测试条件	无包装，不通电
测试框图	
测试方法	将电源置于绝缘垫片上，用接地电阻测试仪测试接地 PE 至电源可触及金属外壳最远端之间的电阻，试验电流为 2 倍过电流保护值和 32A 中的较大值，试验持续时间 120s（≤16A 保护电流设备），或按标准要求时间执行（>16A 保护电流设备），判断测试结果是否满足要求
注意事项	1）设备需置于绝缘垫片上 2）阻抗要求 ≤0.1Ω，而 CSA 则要求在 40A 时检测

7.1.8　接触电流测试

接触电流测试见表 7-8。

表 7-8　接触电流测试

指标定义	开关电源正常条件或单故障条件下，当人体接触连接到电源时流过人体的电流，接触电流仅在人体作为电流通路时才存在，在 GB 4943.1 中根据不同电源类型，接触电流限值要求不同，I 类电源接触电流限制要求 ≤3.5mA，Ⅱ 类电源接触电流限制要求 ≤0.7mA，Ⅲ 类电源接触电流限制要求 ≤0.25mA，医疗电源接触电流限制要求 ≤0.1mA 或 ≤0.5mA
指标来源	IEC/EN 60990、IEC/EN 62109 – 1、GB 4943.1、IEC 60479、YD/T 731

（续）

所需设备	输入源、隔离变压器、接触电流测试网络
测试条件	依据标准所规定的输入电压、输出电压和输出负载要求
测试框图	
测试方法	设置输入电压为标称工作电压范围最大值的 1.06 倍或 1.1 倍及输入宣称最大频率，测量网络 B 端连接到电源的地（中性）线，通过极性开关倒换极性，A 端连接到每个未接地的或非导电的可触及零部件或电路上，测试中开关 e 和 s 保持闭合，对于可触及非导电零部件，应当在该零部件上贴覆金属箔模拟手接触进行试验，金属箔面积为 100mm×200mm。闭合电源交流输入，空载输出，测量并记录 U_{AB}，计算接触电流如下式所示，判断接触电流是否满足要求。$$I = \frac{U_{AB}}{500}(\text{mA})$$式中，U_{AB} 为测试网络端口 AB 之间的电压，单位为 mV　　对于 Ⅰ 类设备还应测试地线连接失效情况下的接触电流（断开开关 e）　　对于通信开关电源模块，按 YD/T731 标准要求，测量保护地 PE 对输入中线 N 的电流即为接触电流
注意事项	1）Ⅰ类设备指采用基本绝缘，而且还要装有一种连接装置，使那些在基本绝缘一旦失效就会带危险电压的导电零部件与建筑物配线中的保护接地导体相连　　2）Ⅱ类设备指防电击保护不仅依靠基本绝缘，而且还采取附加安全保护措施的设备（例如采用双重绝缘或加强绝缘的设备），这类设备既不依靠保护接地，也不依靠安装条件的保护措施　　3）Ⅲ类设备防间接接触电击，根据不同环境条件采用特低电压供电，使发生接地故障时或人体直接接触带电导体时，接触电压值小于接触电压限值，所以此种设备称为兼防间接接触电击和直接接触电击的设备

7.1.9　保护导体电流测试

　　保护导体电流测试见表 7-9。

表 7-9　保护导体电流测试

指标定义	正常条件下流过 Ⅰ 类开关电源的保护导体的电流，保护导体电流只要 Ⅰ 类开关电源正常工作就客观存在，GB 4943.1.1 中规定最大保护导体电流的要求值为输入电流的 5%
指标来源	IEC/EN 60990、IEC/EN 62109 - 1、GB 4943.1
所需设备	输入源、直流电流表/交流电流表
测试条件	依据标准所规定的输入和输出要求

（续）

测试框图	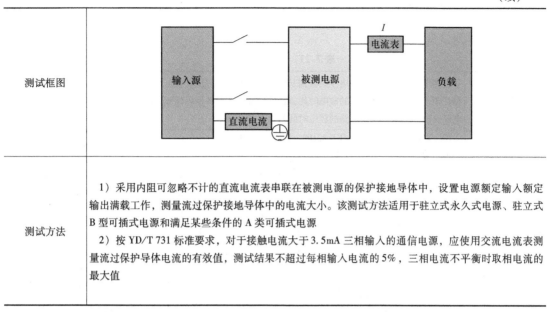
测试方法	1）采用内阻可忽略不计的直流电流表串联在被测电源的保护接地导体中，设置电源额定输入额定输出满载工作，测量流过保护接地导体中的电流大小。该测试方法适用于驻立式永久式电源、驻立式B型可插式电源和满足某些条件的A类可插式电源 　2）按 YD/T 731 标准要求，对于接触电流大于 3.5mA 三相输入的通信电源，应使用交流电流表测量流过保护导体电流的有效值，测试结果不超过每相输入电流的 5%，三相电流不平衡时取相电流的最大值

7.1.10　工作电压测试

工作电压测试见表 7-10。

表 7-10　工作电压测试

指标定义	被测开关电源一、二次侧之间的 V_{RMS} 和 V_{PEAK}，用于确定电气间隙、爬电距离
指标来源	IEC/EN 60950 – 1、IEC/EN 62109 – 1、GB 4943.1
所需设备	输入源、负载、示波器、电流表
测试条件	依据规格书所规定的额定输入电压或输入电压的上限
测试框图	
测试方法	使被测电源输入地和输出地短接，分别测试变压器初一、二次侧各引脚之间的电压波形，读取有效值、绝对值和最大值；光耦合器一、二次侧各引脚之间的电压波形，读取有效值、绝对值和最大值；测试结果为初次级电气间隙和爬电距离耐压要求提供判定依据
注意事项	示波器 20MHz，取样模式，示波器隔离供电

7.1.11　电容放电测试

电容放电测试见表7-11。

表7-11　电容放电测试

指标定义	被测电源断电后其端口电压衰减到起始值的37%所经过的时间。对 A 型可插式电源，电源原边电路在断电后储存电量电路的放电时间常数必须≤1s；对 B 型可插式电源和永久性连接电源，电源原边电路在断电后储存电量电路的放电时间常数必须≤10s
指标来源	IEC/EN 60950 – 1、IEC/EN 62109 – 1、GB 4943.1
所需设备	输入源、负载、示波器、电流表
测试条件	依据规格书所规定的额定输入电压或输入电压的上限
测试框图	
测试方法	设置并启动电源额定输入、额定输出、满载工作，切断端口，用示波器测量端口电压波形，用光标卡出电压降至安全值的时间，一般需要进行至少 10 次放电测试，判断是否满足要求
注意事项	1）示波器 20MHz，取样模式 2）超过 42.4V 交流峰值或 60V 直流值的电网标称电压都需要进行测试 3）对于交流输入端口，需在波峰或波谷处断电时进行测试 4）在电源与电网连接的电路中，若等效电容量不大于 0.1μF，可不进行放电试验测试

7.2　热量危险测试

7.2.1　温度限值测试

温度限值测试见表7-12。

表7-12　温度限值测试

指标定义	在开关电源在认证要求的范围内安规器件满足接触温度限值和器件温度限值的安规限值要求，考察设备是否可以安全地工作 安规温度限制测试主要测试安规器件的温度，比如绝缘材料在正常情况下工作温度，这个温度在最高的设备允许工作温度下，要小于绝缘材料的最大允许温度。如在25℃环境下测试绝缘材料温度是100℃，而绝缘材料只能在130℃以下安全运行，这时定义电源允许的最高工作温度是很关键的，如果设备处于50℃的环境温度，那么绝缘材料换算到50℃环境温度测试温度应该是125℃，满足小于130℃要求，测试通过。如果设备处于60℃环境温度，那么换算到60℃环境温度测试温度应该是135℃，大于130℃要求，测试不通过。同样其他的安规器件也需要测试工作温度，以判断是否满足安规温度限值要求
指标来源	IEC/EN 60950 – 1、IEC/EN 62109 – 1、GB 4943.1
所需设备	输入源、负载、高低温试验箱、数据采集仪、电压表、电流表
测试条件	依据安规认证所规定的输入电压、输出电压和输出负载要求

（续）

测试框图	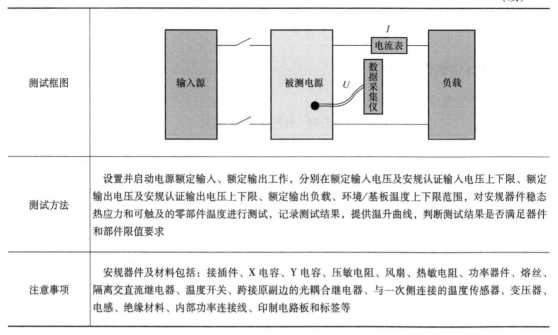
测试方法	设置并启动电源额定输入、额定输出工作，分别在额定输入电压及安规认证输入电压上下限、额定输出电压及安规认证输出电压上下限、额定输出负载、环境/基板温度上下限范围，对安规器件稳态热应力和可触及的零部件温度进行测试，记录测试结果，提供温升曲线，判断测试结果是否满足器件和部件限值要求
注意事项	安规器件及材料包括：接插件、X 电容、Y 电容、压敏电阻、风扇、热敏电阻、功率器件、熔丝、隔离交直流继电器、温度开关、跨接原副边的光耦合继电器、与一次侧连接的温度传感器、变压器、电感、绝缘材料、内部功率连接线、印制电路板和标签等

7.2.2　故障下温度测试

故障下温度测试见表7-13。

表 7-13　故障下温度测试

指标定义	在单点故障下开关电源的安规器件温度满足限值要求
指标来源	IEC/EN 60950 – 1、IEC/EN 62109 – 1、GB 4943. 1
所需设备	输入源、负载、数据采集仪、电压表、电流表
测试条件	依据规格书所规定的输入电压、输出电压和输出负载要求
测试框图	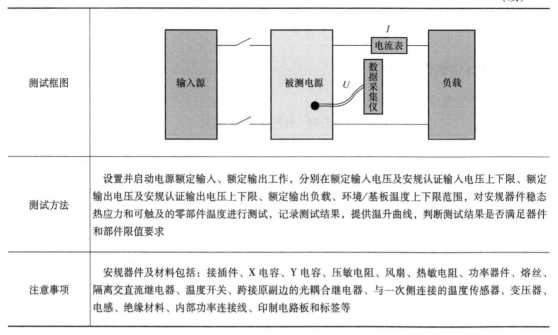
测试方法	通过在开关电源易发生故障点人为设置短路、开路、过载等模拟异常工况发生，或堵塞通风孔、堵转风扇、输出短路、输出过载、元件开路或短路等故障，在这些故障下，对安规器件及热塑性塑料材料等的温度进行检测，记录温升曲线和测试结果，判断器件温度测试结果是否满足安规温度限值要求
注意事项	该试验有着火风险，需做好相应的防护措施

7.3 其他危险测试

7.3.1 材料阻燃性测试

材料阻燃性测试见表 7-14。

表 7-14 材料阻燃性测试

指标定义	开关电源所使用材料减慢、终止或防止有焰燃烧的特性。对于泡沫材料分为 HF－1 级、HF－2 级和 HBF 级。其他绝缘材料分为 5VA 级、5VB 级、V－0 级、V－1 级、V－2 级、HB40 级和 HB75 级
指标来源	IEC 60695、GB/T 5169、UL 94
所需设备	阻燃性试验箱
测试条件	截取部分 PCB、塑胶导线和其他绝缘材料样片
测试方法	检查 PCB、塑胶导线和其他绝缘材料资料的阻燃等级，对待试验样品按要求进行预处理；在阻燃性试验箱中，根据材料特性，按规定火焰要求及试验方法进行燃烧试验，根据燃烧速度、延续火焰持续时间、有无熔滴物等指标综合评价材料的可燃性，依据产品中不同材料的可燃性分级要求，给出材料燃烧特性和熄灭能力的结论
注意事项	试验过程可能会产生有毒烟雾，做好相关防护

7.3.2 安全标识稳定性测试

安全标识稳定性测试见表 7-15。

表 7-15 安全标识稳定性测试

指标定义	开关电源标识耐久和醒目的特性，在考虑标记的耐久性时，应当把正常使用时对标记的影响考虑进去。对用户使用安全的警告标识，必须是稳定可靠的，不能因为使用一段时间后，变得模糊不清，而导致用户错误使用而导致危险，或直接导致危险发生
指标来源	IEC/EN 60950－1、IEC/EN 62109－1、GB 4943.1
所需设备	棉布、有溶剂油、水
测试方法	用一块蘸有水的棉布，用手在不施加垂直压力的工况下擦拭 15s，然后再用另一块蘸有溶剂油的棉布在不施加垂直压力的工况下擦拭 15s，试验后电源的标识不能模糊不清，标记铭牌不应该轻易揭掉，而且标识不得出现卷边等现象
注意事项	用于测试的精制溶剂油脂肪烃类己烷溶剂具有最大芳香烃含量的体积百分比为 0.1%，贝壳松脂丁醇值为 29，初始沸点约为 65℃，干涸点约为 69℃，单位体积质量约为 0.7kg/L。允许使用纯度不低于 85% 的己烷

7.3.3 球压测试

球压测试见表 7-16。

表 7-16 球压测试

指标定义	球压测试就是耐热试验，主要测试支持、保护带电体的绝缘材料。温度视材料作用不同而有别，一般对支持带电体材料温度要求为 125℃
指标来源	GB 4943.1、IEC 60335－1
所需设备	球压试验器
测试方法	试件放置于水平位置，测试温度是最高温度加上 15℃，但是不小于 125℃，以 20N 压力使 5mm 直径钢珠作用于试件表面，球压时间保持 1h 后测量压痕直径，若压痕直径大于 2mm，则测试不通过
注意事项	热固（硬）性骨架无须进行球压测试

7.3.4 漏电流测试

漏电流测试见表7-17。

表 7-17 漏电流测试

指标定义	在正常情况下,流过电源输入相线和中性线的电流是相同的,当电源发生对地漏电时,部分电流通过地线回流,导致相线和中性线电流产生电流差,当差值大于限流值时,漏电保护开关动作,漏电流有 15mA~500mA 不同等级的限流值,漏电流不同于接触电流和保护导体电流
指标来源	GB/T 13955、GB/T 6829
所需设备	输入源、漏电保护测试仪
测试条件	依据标准所规定的输入和输出要求
测试框图	
测试方法	按图搭建测试环境中,分别设置电源额定输入、额定输出、空载/满载工作,通过漏电保护测试仪读取被测开关电源的漏电流
注意事项	适用于输入端外接漏电保护开关的开关电源

第8章 开关电源电磁兼容测试

电磁兼容（Electro - Magnetic Compatibility，EMC）是指开关电源在其电磁环境中符合要求运行并不对其环境中的其他设备产生无法忍受的电磁干扰的能力。EMC 包括两个方面的要求：一方面是指开关电源在正常运行过程中对所在环境产生的电磁干扰不能超过一定的限值，即电磁干扰（Electro - Magnetic Interference，EMI）；另一方面是指开关电源对所在工作环境中存在的电磁干扰具有一定程度的抗扰能力，即电磁抗扰（Electro - Magnetic Susceptibility，EMS）。

电磁抗扰性测试结果的判据可分为 A 级、B 级、C 级和 R 级：

A 级（连续现象）：测试中技术性能指标在规定精度要求内；

B 级（瞬变现象）：测试中性能暂时降低，功能不丧失，测试后能自行恢复；

C 级（中断现象）：功能允许丧失，但能自恢复，或操作者干预后能恢复；

R 级（耐受性能）：除保护元件外，不允许出现不能恢复的功能丧失或性能降低。

8.1 骚扰试验测试

8.1.1 传导骚扰测试

传导骚扰测试见表8-1。

表8-1 传导骚扰测试

指标定义	检测电源的传导骚扰水平
指标来源	EN 61000 - 6、EN 55022、CISPR 22、GB/T 9254、GB/T 4824、GB/T 9254
所需设备	输入源、干扰接收机、人工电源网络（LISN）、纯阻性负载、屏蔽房
测试条件	额定输入、额定输出、典型负载
测试框图	
测试方法	在屏蔽房内，按要求完成设备布置，设置并启动电源额定输入、额定输出、80% 负载工作，按传导要求等级对电源输入线在0.15～30MHz 频率范围内进行传导准峰值和平均值扫描，对异议测量点进行读点测量，记录测试结果，判断测试结果及裕量是否满足要求
注意事项	输入线缆长度1m，通信接口正常连接，功率线与信号线分开走线不交叉

8.1.2　辐射骚扰测试

辐射骚扰测试见表8-2。

表 8-2　辐射骚扰测试

指标定义	检测电源的辐射骚扰水平
指标来源	EN 61000 – 6、EN 55022、CISPR 22、GB/T 9254、GB/T 4824
所需设备	输入源、干扰接收机、天线、电波暗室、纯阻性负载
测试条件	额定输入、额定输出、典型负载
测试框图	输入源　→　被测电源　→　纯阻性负载
测试方法	在电波暗室中，按要求完成设备布置，设置并启动电源额定输入额定输出80%负载工作，按辐射等级要求对电源在 30 ~ 1000MHz 频率范围内进行辐射准峰值和平均值扫描，对异议测量点进行读点测量，记录测试结果，判断测试结果及裕量是否满足要求
注意事项	输入线缆长度1m，通信接口正常连接，功率线与信号线分开走线不交叉

8.1.3　谐波电流测试

谐波电流测试见表8-3。

表 8-3　谐波电流测试

指标定义	指开关电源在公用低压供电系统中产生输入谐波电流限值 输入相电流≤16A 的电源按 GB 17625.1 标准判定，输入相电流 > 16A 的电源按 GB 17625.6 标准判定
指标来源	IEC 61000 – 3 – 2、GB 17625.1、GB 17625.6
所需设备	输入源、谐波电流测试仪、纯阻性负载
测试条件	额定输入额定输出满载负载
测试框图	输入源　→　谐波电流测试仪　→　被测电源　→　纯阻性负载
测试方法	在屏蔽室中，按试验要求完成设备布置，设置并启动电源额定输入、额定输出、满载工作，对电源输入电流各次谐波分量进行测量，记录测试结果，判定测试结果是否满足要求
注意事项	1）输入线缆长度1m，通信接口正常连接 2）适用于交流输入类型的开关电源

8.1.4 电压波动与闪烁测试

电压波动与闪烁测试见表8-4。

表8-4 电压波动与闪烁测试

指标定义	开关电源在公用低压供电系统中产生的电压波动与闪烁的限制
指标来源	IEC 61000 – 3 – 3、GB 17625.2、GB 17625.3、GB/T 12326
所需设备	输入源、电压波动和闪烁测试仪、纯阻性负载
测试条件	额定输入、额定输出、满载负载
测试框图	
测试方法	按要求完成设备布置，设置并启动电源额定输入、额定输出、满载工作，对电源输入电压波动和闪烁进行测量，记录测试结果，输入相电流≤16A 电源按 GB 17625.2 判定，输入相电流 >16A 电源按 GB 17625.3 判定
注意事项	1）输入线缆长度1m，通信接口正常连接 2）适用于交流输入类型的开关电源

8.2 抗扰试验测试

8.2.1 静电放电抗扰性测试

静电放电抗扰性测试见表8-5。

表8-5 静电放电抗扰性测试

指标定义	检测模拟人体所带静电或手持工具对开关电源正常工作的影响
指标来源	GB/T 17626.2、IEC 61000 – 4 – 2、CISPR 24
所需设备	输入源、静电放电发生器、示波器、纯阻性负载
测试条件	额定输入、额定输出、典型负载
测试框图	

（续）

测试方法	按试验要求完成设备布置，设置并启动电源额定输入、额定输出、80% 负载工作，对金属外壳、面板等导电表面采用接触放电方式进行静电放电测试，放电电压 ±6kV 或规定值，正负各 10 次，放电间隔 1s，试验中测量并记录开关电源工作状态和输出电压变化；对绝缘表面采用空气放电方式进行静电放电测试，放电电压 ±8kV 或规定值，正负各 10 次，放电间隔 1s，试验中测量并记录开关电源工作状态和输出电压变化
注意事项	1）输入线缆长度 1m，通信接口正常连接 2）各功率线之间及功率线与信号线分开走线不能交叉

8.2.2　静电放电抗扰性极限测试

静电放电抗扰性极限测试见表 8-6。

表 8-6　静电放电抗扰性极限测试

指标定义	被测电源承受静电放电的极限能力，该测试为加速应力测试，目的是找出产品在该应力下的薄弱点
指标来源	产品规格书
所需设备	输入源、静电放电发生器、示波器、纯阻性负载
测试条件	额定输入、额定输出、典型负载
测试框图	
测试方法	按试验要求完成设备布置，设置并启动电源额定输入、额定输出、80% 负载工作；对金属外壳、面板等导电表面采用接触放电方式进行静电放电测试，放电电压 ±6kV 或规定值，正负各 10 次，放电间隔 1s，以 500V 为步长逐渐增加直至仪表极限或电源出现问题停止测试，试验中测量并记录电源工作状态和输出电压变化。对绝缘表面采用空气放电方式进行静电放电测试，放电电压 ±8kV 或规定值，正负各 10 次，放电间隔 1s，以 500V 为步长逐渐增加直至仪表极限或电源出现问题停止测试，试验中测量电源工作状态和输出电压变化，给出设备的静电放电抗扰极限
注意事项	1）输入线缆长度 1m，通信接口正常连接 2）各功率线之间及功率线与信号线分开走线不能交叉

8.2.3　辐射电磁场抗扰性测试

辐射电磁场抗扰性测试见表 8-7。

表 8-7　辐射电磁场抗扰性测试

指标定义	检测仿真无线电波、电台信号对开关电源正常工作的影响
指标来源	GB/T 17626.3、IEC 61000 - 4 - 3、CISPR 24
所需设备	输入源、信号发生器、接收机、全电波暗室、纯阻性负载

（续）

测试条件	额定输入、额定输出、典型负载
测试框图	
测试方法	在屏蔽室中，按试验要求完成设备布置，设置并启动电源额定输入、额定输出、80%负载工作，对电源在80~1000/2700MHz频率范围内，场强10V/m，频率步进1%，调制信号AM 1kHz80%，或规定试验参数，进行抗扰性测试，判断测试结果是否满足要求
注意事项	1）输入线缆长度1m，通信接口正常连接 2）各功率线之间及功率线与信号线分开走线不能交叉

8.2.4 电快速脉冲串抗扰性测试

电快速脉冲串抗扰性测试见表8-8。

表8-8 电快速脉冲串抗扰性测试

指标定义	检测开关电源的电源线，信号线（控制线）因遭受重复出现的快速瞬时脉冲时对其正常工作的影响
指标来源	GB 17626.4、IEC 61000-4-4、CISPR 24
所需设备	输入源、电快速瞬变脉冲群发生器（EFT测试仪）、纯阻性负载、示波器
测试条件	额定输入、额定输出、典型负载
测试框图	
测试方法	按试验要求完成设备布置，设置并启动电源额定输入、额定输出、80%负载工作；设定电快速脉冲为：5/50μs波形，重复频率为5kHz，峰值为±1kV，或规定试验参数，分别对输入端口、输出端口和长度超过3m的信号端口进行电快速脉冲串干扰测试，试验中测量并记录电源工作状态和输出电压波形，判断测试结果是否满足要求
注意事项	1）输入线缆长度1m，通信接口正常连接 2）各功率线之间及功率线与信号线分开走线不能交叉

8.2.5　电快速脉冲串抗扰性极限测试

电快速脉冲串抗扰性极限测试见表 8-9。

表 8-9　电快速脉冲串抗扰性极限测试

指标定义	被测开关电源承受电快速脉冲串的极限能力 该测试为高加速应力测试，目的是找出产品在该应力下的薄弱点
指标来源	产品规格书
所需设备	电快速瞬变脉冲群发生器（EFT 测试仪）、纯阻性负载
测试条件	额定输入、额定输出、典型负载
测试框图	
测试方法	按试验要求完成设备布置，设置并启动电源额定输入、额定输出、80% 负载工作；设定电快速脉冲为：5/50μs 波形，重复频率为 5kHz，峰值为 ±1kV，或规定试验参数，分别对输入端口、输出端口和长度超过 3m 的信号端口进行电快速脉冲串干扰测试，以 500V 为步长逐渐增加直至仪表极限或电源出现问题停止测试，试验中测量并记录电源工作状态和输出电压波形变化，给出设备的电快速脉冲群抗扰极限
注意事项	1）输入线缆长度 1m，通信接口正常连接 2）各功率线之间及功率线与信号线分开走线不能交叉

8.2.6　射频场感应传导骚扰抗扰性测试

射频场感应传导骚扰抗扰性测试见表 8-10。

表 8-10　射频场感应传导骚扰抗扰性测试

指标定义	射频产生器通过电源线传导的噪声对开关电源正常工作的影响
指标来源	GB 17626.6、IEC 61000 – 4 – 6、CISPR 24
所需设备	信号发生器、耦合和去耦装置、纯阻性负载
测试条件	额定输入、额定输出、典型负载
测试框图	
测试方法	按试验要求完成设备布置，设置并启动电源额定输入、额定输出、80% 负载工作；设定射频场电场强度为 3V，试验频率为 0.15MHz ~ 80MHz，调制幅度为 80% AM，或规定试验参数，试验中测量并记录电源工作状态和输出电压波形变化，给出传导抗扰测试结果
注意事项	1）输入线缆长度 1m，通信接口正常连接 2）各功率线之间及功率线与信号线分开走线不能交叉

8.2.7　浪涌抗扰性测试

浪涌抗扰性测试见表8-11。

表8-11　浪涌抗扰性测试

指标定义	本测试为针对开关电源产品在操作状态下电源线或通信端口承受开关或雷击瞬时过电压突波的耐受程度
指标来源	GB 17626.5、IEC 61000 − 4 − 5、CISPR 24
所需设备	输入源、浪涌发生器、示波器、纯阻性负载
测试条件	额定输入、额定输出、典型负载
测试框图	输入源　浪涌发生器　被测电源　示波器　纯阻性负载
测试方法	按试验要求完成设备布置，设置并启动电源额定输入、额定输出、80%负载工作；设定浪涌波形为1.2/50μs开路电压波形，分别对输入端口施加线线差模1kV或规定值、线地共模2kV或其他规定的浪涌电压值，若输入为交流，相位分别设置为0°、90°、270°和360°，正负极性各5次，每次间隔1min或规定试验参数，试验中测量并记录电源工作状态和输出电压波形，分别对输出端口施加线地共模0.8kV或其他规定的浪涌电压值，正负极性各进行5次，每次间隔1min或规定试验参数，试验中测量并记录电源工作状态和输出电压波形，判断测试结果是否满足要求
注意事项	1）输入线缆长度1m，通信接口正常连接 2）各功率线之间及功率线与信号线分开走线不能交叉

8.2.8　浪涌白盒电压应力测试

浪涌白盒电压应力测试见表8-12。

表8-12　浪涌白盒电压应力测试

指标定义	考核被测开关电源浪涌测试时关键器件应力情况
指标来源	GB 17626.5、IEC 61000 − 4 − 5、CISPR 24
所需设备	输入源、浪涌发生器、纯阻性负载、示波器
测试条件	额定输入、额定输出、典型负载
测试框图	输入源　浪涌发生器　被测电源　示波器　纯阻性负载

（续）

测试方法	按试验要求完成设备布置，设置并启动电源额定输入、额定输出、80% 负载工作，设定 1.2/50μs 开路电压波形，分别对输入端口施加线线 1kV 或其他规定的浪涌电压值、线地 2kV 或其他规定的浪涌电压值，若输入为交流，相位分别设置为 0°、90°、270° 和 360°，正负极性各 5 次，每次间隔 1min 或规定时间；分别对输出端口施加线地 0.8kV 或其他规定浪涌电压值，正负极性各 5 次，每次间隔 1min 或规定时间；试验中通过示波器对关键器件电压应力波形和电流应力波形进行测量并记录，根据测试结果判定器件应力是否超过器件规格要求
注意事项	1）输入线缆长度 1m，通信接口正常连接 2）各功率线之间及功率线与信号线分开走线不能交叉

8.2.9　浪涌抗扰性极限测试

　　浪涌抗扰性极限测试见表 8-13。

表 8-13　浪涌抗扰性极限测试

指标定义	被测开关电源承受浪涌抗扰的极限能力 该测试为高加速应力测试，目的是找出产品在该应力下的薄弱点
指标来源	产品规格书
所需设备	输入源、浪涌发生器，纯阻性负载、示波器
测试条件	额定输入、额定输出、典型负载
测试框图	
测试方法	按试验要求完成设备布置，设置并启动电源额定输入、额定输出、80% 负载工作；设定浪涌波形为 1.2/50μs 开路电压波形，分别对输入端口施加线线 1kV、线地 2kV 浪涌波形，若输入为交流，相位分别为 0°、90°、270° 和 360°，正负极性各 5 次，每次间隔 1min 或规定试验参数，以 500V 为步长逐渐增加直至仪表极限或电源出现问题停止测试，试验中测量并记录电源工作状态和输出电压波形；分别对输出端口施加线地 0.8kV 浪涌波形，正负极性各 5 次，每次间隔 1min 或规定试验参数，以 500V 为步长逐渐增加直至仪表极限或电源出现问题停止测试，试验中测量并记录电源工作状态和输出电压波形变化；根据测试结果，给出开关电源输入输出及信号各端口的对浪涌应力的抗扰极限
注意事项	1）输入线缆长度 1m，通信接口正常连接 2）各功率线之间及功率线与信号线分开走线不能交叉

8.2.10 工频磁场抗扰性测试

工频磁场抗扰性测试见表8-14。

表 8-14 工频磁场抗扰性测试

指标定义	工频磁场抗扰对被测开关电源正常工作的影响
指标来源	GB 17626.8、IEC 61000 – 4 – 8、CISPR 24
所需设备	输入源、工频磁场发生器、感应线圈、纯阻性负载、示波器
测试条件	额定输入、额定输出、典型负载
测试框图	
测试方法	按试验要求完成设备布置，设置并启动电源额定输入、额定输出、80% 负载工作，设定试验强度为 3A/m，测试频率为50Hz，或其他规定试验参数，试验中测量并记录电源工作状态和输出电压波形变化，记录测试结果，判断测试结果是否满足要求
注意事项	1）输入线缆长度1m，通信接口正常连接 2）各功率线之间及功率线与信号线分开走线不能交叉

8.2.11 电压暂降短时中断抗扰性测试

电压暂降短时中断抗扰性测试见表8-15。

表 8-15 电压暂降短时中断抗扰性测试

指标定义	电源线仿真电压变化对开关电源正常工作的影响
指标来源	GB 17626.11、IEC 61000 – 4 – 11、CISPR 24
所需设备	可编程交流源、纯阻性负载、示波器
测试条件	额定输入、额定输出、典型负载
测试框图	
测试方法	按试验要求完成设备布置，设置并启动电源额定输入、额定输出、80% 负载工作；分别设置输入电压下降 >95% 10ms、电压下降 >95% 20ms、电压下降 30% 500ms、电压下降 >95% 5000ms，或规定试验参数，试验中测量并记录电源工作状态和输出电压波形，判断结果是否满足要求
注意事项	1）输入线缆长度1m，通信接口正常连接 2）各功率线之间及功率线与信号线分开走线不能交叉

第9章 开关电源雷击冲击电流测试

雷电冲击波通常指的是感应雷或者直击雷，在架空线路上或者是空中金属管道上面产生电流冲击波，而这样的冲击波基本上是沿着线路两个方向或是沿管道进行传递，对连接于这种线路的开关电源将遭受冲击电流波干扰，本章涉及的测试就是验证开关电源对各种雷击冲击电流的承受能力。

雷击冲击电流测试结果的判据可分为 A 级、B 级、C 级和 R 级：

A 级（无功能丧失）：测试中技术性能指标符合规定要求；

B 级（能自行恢复）：测试中功能暂时丧失，但测试后没有人工干预可自行恢复；

C 级（能手动恢复）：功能允许丧失，但在人工干预后能恢复；

R 级（损坏不起火）：设备在测试中损坏，但不能发生起火。

9.1 感应雷击测试

9.1.1 感应雷击冲击电流测试

感应雷击冲击电流测试见表9-1。

表 9-1 感应雷击冲击电流测试

指标定义	检测开关电源在操作状态下电源线或通信端口承受开关或雷击瞬时感应过电流突波的耐受程度
指标来源	GB/T 3482、YD/T 944、GB 17626.5、IEC 61000 – 4 – 5
所需设备	输入源、退耦装置、纯阻性负载、示波器、雷击冲击电流发生器（如下图所示）  雷击冲击电流发生器（图片来源：图 LKX）
测试条件	额定输入、额定输出、典型负载

（续）

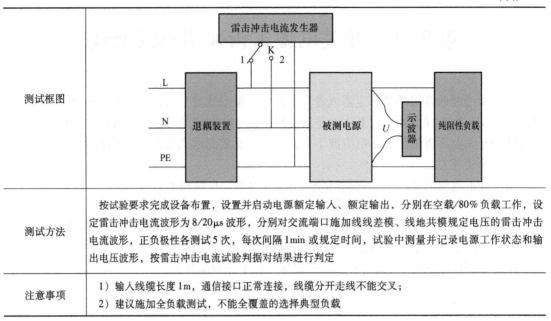

测试框图	
测试方法	按试验要求完成设备布置，设置并启动电源额定输入、额定输出，分别在空载/80％负载工作，设定雷击冲击电流波形为8/20μs波形，分别对交流端口施加线线差模、线地共模规定电压的雷击冲击电流波形，正负极性各测试5次，每次间隔1min或规定时间，试验中测量并记录电源工作状态和输出电压波形，按雷击冲击电流试验判据对结果进行判定
注意事项	1）输入线缆长度1m，通信接口正常连接，线缆分开走线不能交叉； 2）建议施加全负载测试，不能全覆盖的选择典型负载

9.1.2　感应雷击白盒应力测试

　　感应雷击白盒应力测试见表9-2。

表9-2　感应雷击白盒应力测试

指标定义	考察电源在承受感应雷击冲击电流时关键器件应力和残压设计参数
指标来源	产品规格书
所需设备	输入源、雷击冲击电流发生器、退耦装置、纯阻性负载、示波器
测试条件	额定输入、额定输出、典型负载
测试框图	
测试方法	按试验要求完成设备布置，设置并启动电源额定输入、额定输出，分别在空载/80％负载工作，设定雷击冲击电流波形为8/20μs波形，分别对交流端口施加线线差模、线地共模规定电压的雷击冲击电流波形，正负极性各测试5次，每次间隔1min或规定时间，试验中对关键功率管电压应力进行测试，同时试验中对各级防雷电路残压值进行测试，要求关键器件应力不得超过器件规格限值，残压大小要符合电源设计要求

（续）

注意事项	1）输入线缆长度 1m，通信接口正常连接 2）各功率线之间及功率线与信号线分开走线不能交叉 3）建议施加全负载测试，不能全覆盖的选择典型负载 4）有防雷要求的输出端口和信号端口按上述方法执行

9.1.3 感应雷击冲击电流应力极限测试

感应雷击冲击电流应力极限测试见表 9-3。

表 9-3 感应雷击冲击电流应力极限测试

指标定义	检测开关电源在操作状态下电源线或通信端口承受开关或雷击瞬时感应过电流突波的应力耐受极限。该测试为高加速应力测试，目的是找出产品在该应力强度下的薄弱点
指标来源	产品规格书
所需设备	输入源、雷击冲击电流发生器、退耦装置、纯阻性负载、示波器
测试条件	额定输入、额定输出、典型负载
测试框图	
测试方法	按试验要求完成设备布置，设置并启动电源额定输入、额定输出、空载或 80% 典型负载工作，设定雷击冲击电流波形为 8/20μs 波形，分别对交流端口施加线线差模、线地共模规定电压的雷击冲击电流波形，正负极性各测试 5 次，每次间隔 1min 或规定时间，以 500V 为步长逐渐增加试验应力直至产品出现异常，试验中测量并记录电源工作状态和输出电压波形变化，对异常原因进行分析。根据测试结果给出开关电源对感应雷击冲击电流应力的耐受极限，按雷击冲击电流耐受应力强度要求决定是否进行进一步优化整改、验证
注意事项	1）输入线缆长度 1m，通信接口正常连接 2）各功率线之间及功率线与信号线分开走线不能交叉 3）应力耐受极限测试中，在每轮测试结束后需更换新的防雷器件 4）建议施加全负载测试，不能全覆盖的选择典型负载 5）有防雷要求的输出端口和信号端口按上述方法执行

9.1.4 感应雷击冲击电流次数极限测试

感应雷击冲击电流次数极限测试见表9-4。

表9-4 感应雷击冲击电流次数极限测试

指标定义	检测开关电源在操作状态下电源线或通信端口承受开关或雷击瞬时感应过电流突波的次数耐受极限。该测试为高加速应力测试，目的是找出产品在该应力次数下的薄弱点
指标来源	产品规格书
所需设备	输入源、雷击冲击电流发生器、退耦装置、纯阻性负载、示波器
测试条件	额定输入、额定输出、典型负载
测试框图	
测试方法	按试验要求完成设备布置，设置并启动电源额定输入、额定输出、空载或80%典型负载工作，设定雷击冲击电流波形为8/20μs波形，分别对交流端口施加线线差模、线地共模规定电压的雷击冲击电流波形，每次间隔1min或规定时间，正负极性试验次数逐渐增加直至产品出现异常，试验中测量并记录电源工作状态和输出电压波形变化，对异常问题进行故障分析，按雷击冲击电流耐受次数试验结果决定是否进行优化整改
注意事项	1）输入线缆长度1m，通信接口正常连接 2）各功率线之间及功率线与信号线分开走线不能交叉 3）建议施加全负载测试，不能全覆盖的选择典型负载 4）有防雷要求的输出端口和信号端口按上述方法执行

9.2 其他雷击测试

9.2.1 直击雷冲击电流测试

直击雷冲击电流测试见表9-5。

表9-5 直击雷冲击电流测试

指标定义	检测开关电源在直击雷冲击电流下的抗扰性能
指标来源	产品规格书
所需设备	输入源、雷击冲击电流发生器、退耦装置、纯阻性负载、示波器
测试条件	额定输入、额定输出、典型负载

（续）

测试框图	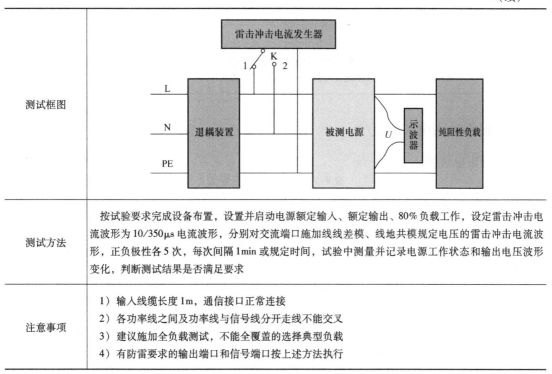
测试方法	按试验要求完成设备布置，设置并启动电源额定输入、额定输出、80% 负载工作，设定雷击冲击电流波形为 10/350μs 电流波形，分别对交流端口施加线线差模、线地共模规定电压的雷击冲击电流波形，正负极性各 5 次，每次间隔 1min 或规定时间，试验中测量并记录电源工作状态和输出电压波形变化，判断测试结果是否满足要求
注意事项	1）输入线缆长度 1m，通信接口正常连接 2）各功率线之间及功率线与信号线分开走线不能交叉 3）建议施加全负载测试，不能全覆盖的选择典型负载 4）有防雷要求的输出端口和信号端口按上述方法执行

9.2.2　长尾波冲击电流测试

长尾波冲击电流测试见表 9-6。

表 9-6　长尾波冲击电流测试

指标定义	检测开关电源在长尾波冲击电流下的抗扰性能
指标来源	产品规格书
所需设备	输入源、雷击冲击电流发生器、退耦装置、纯阻性负载、示波器
测试条件	额定输入、额定输出、典型负载
测试框图	
测试方法	按试验要求完成设备布置，设置并启动电源额定输入、额定输出、80% 负载工作，设定雷击冲击电流波形为 10/1000μs 电流波形，分别对交流端口施加线线差模、线地共模规定电压的雷击冲击电流波形，正负极性各 5 次，每次间隔 1min 或规定时间，试验中测量并记录电源工作状态和输出电压波形变化，判断测试结果是否满足要求

（续）

注意事项	1）输入线缆长度1m，通信接口正常连接 2）各功率线之间及功率线与信号线分开走线不能交叉 3）建议施加全负载测试，不能全覆盖的选择典型负载 4）有防雷要求的输出端口和信号端口按上述方法执行

9.2.3 操作冲击电流测试

操作冲击电流测试见表9-7。

表9-7 操作冲击电流测试

指标定义	检测开关电源在操作冲击电流下的抗扰性能
指标来源	产品规格书
所需设备	输入源、雷击冲击电流发生器、退耦装置、纯阻性负载、示波器
测试条件	额定输入、额定输出、典型负载
测试框图	
测试方法	按试验要求完成设备布置，设置并启动电源额定输入、额定输出、80%负载工作，设定雷击冲击电流波形为30/80μs电流波形，分别对交流端口施加线线差模、线地共模规定电压要求的雷击冲击电流波形，正负极性各5次，每次间隔1min或规定时间，试验中测量并记录电源工作状态和输出电压波形变化，判断测试结果是否满足要求
注意事项	1）输入线缆长度1m，通信接口正常连接 2）各功率线之间及功率线与信号线分开走线不能交叉

9.2.4 短脉冲冲击电流测试

短脉冲冲击电流测试见表9-8。

表9-8 短脉冲冲击电流测试

指标定义	检测开关电源在短脉冲冲击电流下的抗扰性能
指标来源	产品规格书
所需设备	输入源、雷击冲击电流发生器、退耦装置、纯阻性负载、示波器
测试条件	额定输入、额定输出、典型负载

（续）

测试框图	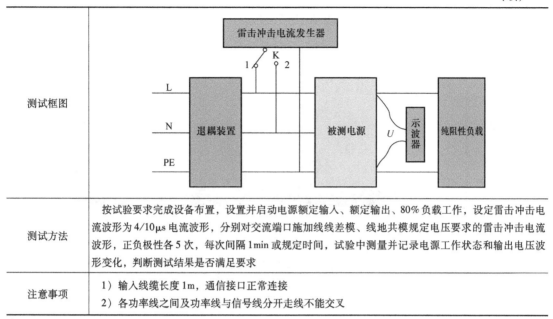
测试方法	按试验要求完成设备布置，设置并启动电源额定输入、额定输出、80% 负载工作，设定雷击冲击电流波形为 $4/10\mu s$ 电流波形，分别对交流端口施加线线差模、线地共模规定电压要求的雷击冲击电流波形，正负极性各 5 次，每次间隔 1min 或规定时间，试验中测量并记录电源工作状态和输出电压波形变化，判断测试结果是否满足要求
注意事项	1）输入线缆长度 1m，通信接口正常连接 2）各功率线之间及功率线与信号线分开走线不能交叉

9.2.5   火箭引雷试验测试

火箭引雷试验测试见表 9-9。

表 9-9   火箭引雷试验测试

指标定义	被测开关电源对真实雷击的抗扰和承受能力
指标来源	火箭引雷是一种人工引雷方式，人工引雷指的是在雷暴环境下利用一定的装置和设施，人为在某一指定点触发闪电，并把闪电引到预知位置进行科学试验，人工火箭引雷分为两种： 1）一种是引雷火箭拖带细金属导线的方法，通过带钢丝的小型火箭将雷电人为引发到地面，使本来随机发生的自然雷电在可控状态下进行。钢丝在向上发展过程中，会诱导形成一个雷电，这个雷电就会沿着这个导线打到地面上。雷电发生前，云层中的电场将会影响地面上的电场。根据地面上的电场强度，可以大概推断云层中的电场强度，以确定触雷时间。当火箭飞到 200～400m 高度时，就在雷暴云和大地之间建立了一条放电"通道"，形成雷击闪电 2）另一种是引雷火箭的推进器中加入固态的铯盐，有的是在推进器中添加物换成了液态的氯化钙溶液火箭发射后，铯盐随推进器中的气体一起喷出，在火箭和发射装置之间形成一条可导电的路径，并在火箭到达雷雨云层后激发闪电 广东从化野外雷电试验基地已成功引雷数百次，广州高建筑物雷电观测站和深圳雷电观测站均能够捕捉到相关引雷闪电事件。雷电基地作为真实雷电环境测试平台，与国内外科研单位、高校深入合作，开展雷电物理、雷电探测和雷电防护等方面的观测试验与研究。目前，正在联合南方电网开展地电位抬升等雷电防护观测试验，联合武汉大学开展 10kV 配电线路人工引雷试验和雷电流、沿线过电压以及多参量的同步观测研究，联合南京信息工程大学开展地基微波辐射计对雷电热效应的遥感观测研究等 人工引雷提供了最接近真实的自然雷电冲击模拟源，可对开关电源设备的防雷设计机理及效果进行检验，雷击验证结论更为可靠。火箭引雷试验测试成本较高，有条件的开关电源公司已经开展了相关试验研究

（续）

所需设备	输入源、退耦装置、纯阻性负载、外场火箭引雷设施（如下图所示）。  外场火箭引雷设施（图片来源于 GCTC）
测试条件	额定输入、额定输出、典型负载
测试框图	 引雷设施 L N　退耦网络　　被测电源　　纯阻性负载 PE
测试方法	按试验要求完成设备布置，设置引雷感应输入交流源给被测开关电源供电，设置并启动电源额定输入、额定输出、80％负载工作，引雷试验结束后检查电源状况并记录相关结果，验证电源是否满足雷击设计要求
注意事项	1）输入线缆长度 1m，通信接口正常连接 2）各功率线之间及功率线与信号线分开走线不能交叉

附　　录

附录 A　开关电源相关认证

1. CCC

CCC 即"中国国家强制性产品认证"，全称是 China Compulsory Certification，认证标志如图 A-1 所示。3C 标志并不是质量标志，而只是一种最基础的安全认证。这是我国对低压电器、小功率电动机等 19 类 132 种涉及健康安全、公共安全电器产品所要求的认证标准。它包括原来的 CCEE（中国电工产品认证委员会）认证、CEMC（中国电磁兼容认证中心）认证和新增加的 CCIB（中国国家进出口商品检验局）认证，三者分别从用电安全、电磁兼容及电波干扰、稳定方面作出了全面的规定标准，是国际准则和国际惯例接轨的一项重大举措。3C 认证的开关电源，在电源内部增加了两个重要电路：EMI 和 PFC。

2. CECP 认证

CECP（China Certification Center of Energy Conservation Product，中国节能产品认证中心）认证是中国节能产品认证中心根据《中华人民共和国产品质量法》和《中国节能产品认证管理办法》及其配套规章而制定的认证标准，简称节能认证。它是指证明某产品符合相应行业标准和节能要求的认证活动，只有经技能产品认证机构确认方才可获得认证证书和节能标志。凡获得节能认证的产品，在其产品或包装上通常粘贴有一个蓝色的圆形节能标志，标志中央是一个变形的"节"字，主体呈天蓝色，并有"中国节能认证"字样，CECP 认证标志如图 A-2 所示。

图 A-1　CCC 认证标志

图 A-2　CECP 认证标志

3. FCC 认证

FCC（Federal Communications Commission，美国联邦通信委员会）是美国政府的一个独立机构，通过控制无线电广播、电视、电信、卫星和电缆来协调国内和国际的通信。FCC 的工程技术部（Office of Engineering and Technology）负责委员会的技术支持，同时负责设备认可方面的事务。许多无线电应用产品、通信产品、数字产品和开关电源要进入美国市场，都要求获得 FCC 的认可，FCC 只对电磁干扰进行管制，FCC 认证标志如图 A-3 所示。

4. A/C – Tick 认证

A/C – Tick 是由澳大利亚通信局（Australian Communications Authority，ACA）为通信设备发的认证标志。制造商和进口商必须依照下列步骤使用 A/C – Tick：

1）产品执行 ACAQ 技术标准测试；

2）向 ACA 登记使用 A/C – Tick；

3）填写符合声明表（Declaration of Conformity Form），并和产品符合记录保存一起。

4）在通信产品或设备上贴上 A/C – Tick 标志，如图 A-4 所示。

图 A-3　FCC 认证标志

图 A-4　A/C – Tick 认证标志

5. TüV 认证

TüV 标志是德国技术检验协会专为元器件产品定制的一个安全认证标志，在欧洲得到广泛的接受，认证标志如图 A-5 所示。同时，企业可以在申请 TüV 标志时，合并申请 CB 证书（见下文第 9 项），由此通过转换而取得其他国家的证书。而且在产品通过认证后，德国技术检验协会会向前来查询合格元器件供应商的整流器机厂推荐这些产品。在整机认证的过程中，凡取得 TüV 标志的元器件均可免检。

6. UL 认证

UL（Underwriters Laboratories Inc.，美国保险商试验所）是美国从事安全试验和鉴定的民间机构，主要业务是采用科学的测试方法来研究确定各种材料、装置、产品、设备、建筑等对生命、财产有无危害和危害的程度。确定、编写、发行相应的标准和有助于减少及防止造成生命财产受到损失的规范，同时开展实情调研业务。UL 认证属于非强制性认证，主要是产品安全性能方面的检测和认证，其认证范围不包含产品的 EMC 特性，UL 认证标志如图 A-6所示。

图 A-5　TüV 认证标志

图 A-6　UL 认证标志

7. CSA 认证

CSA（Canadian Standards Association，加拿大标准协会）成立于 1919 年，是加拿大制定

工业标准的非营利性机构。目前 CSA 是加拿大最大的安全认证机构，也是世界上最著名的安全认证机构之一。它能对机械、建材、电器、电脑设备、办公设备、环保、医疗防火安全、运动及娱乐等方面的所有类型的产品提供安全认证。CSA 已为遍布全球的数千厂商提供了认证服务，每年均有上亿个附有 CSA 标志的产品在北美市场销售。CSA 认证标志如图 A-7 所示。

8. CE 认证

CE 认证是欧盟对产品不危及人类、动物和货品的安全方面的基本安全要求，而不是一般质量要求，CE 标志作为一种安全认证标志，是产品进入欧洲市场的"护照"。

在欧洲市场，CE 标志属强制性认证标志，不论是欧洲内部企业生产的产品，还是其他国家生产的产品，要想在欧洲市场上自由流通，就必须加贴 CE 标志，CE 认证标志如图 A-8 所示。

图 A-7　CSA 认证标志　　　　　　图 A-8　CE 认证标志

9. CB 认证

CB 体系（电工产品合格测试与认证的 IEC 体系）是 IECEE（国际电工委员会电工产品合格测试与认证组织）运作的一个国际体系，IECEE 各成员认证机构以 IEC 标准为基础对电工产品安全性能进行测试，其测试结果即 CB 测试报告和 CB 测试证书在 IECEE 各成员机构所在国家和地区能得到相互认可。目的是为了减少由于必须满足不同国家认证或批准准则而产生的国际贸易壁垒，EMC 没有纳入 CB 体系。CB 认证标志如图 A-9 所示。

10. PSE 认证

PSE 认证是日本强制性安全认证，用以证明电机电子产品已通过日本电气和原料安全法（DENAN Law）或通过国际 IEC 标准的安全标准测试。根据日本的"DENTORL 法"（电器装置和材料控制法）规定，498 种产品进入日本市场必须通过安全认证。其中，165 种 A 类产品应取得菱形的 PSE 标志，333 种 B 类产品应取得圆形 PSE 标志，A 类产品和 B 类产品的 PSE 认证标志如图 A-10 所示。

图 A-9　CB 认证标志　　　　　　图 A-10　PSE 认证标志

11. VDE 认证

VDE（德国电气工程师协会）直接参与德国国家标准制定，是欧洲在世界上享有很高声誉的认证机构之一。VDE 认证标志如图 A-11 所示。

12. RoHS 认证

RoHS 是 Restriction of Hazardous Substances 的英文缩写，指由欧盟制定的强制性标准——《关于限制在电子电器设备中使用某些有害成分的指令》，认证标志如图 A-12 所示。RoHS 列出六种有害物质，包括铅（Pb）、镉（Cd）、汞（Hg）、六价铬（Cr^{6+}）、多溴二苯醚（PBDE）和多溴联苯（PBB）。世界各国采用的 RoHS 标准是根据 IEC62321 标准制定的，欧洲新 RoHS 为 CE/RoHS 认证指令 2011/65/EU。欧洲 CE – RoHS 为强制执行，为 CE 认证的一部分；我国 RoHS 属自愿性认证；美国 RoHS 属自愿性认证，CPSC 强制执行；日本 RoHS 属自愿性认证。

图 A-11　VDE 认证标志

图 A-12　RoHS 认证标志

13. SVHC 认证

SVHC（Substances of Very High Concern，高度关注物质）认证来源于欧盟 REACH 法规，规定了产品中有毒有害物质的用途和含量，这些有毒有害物质即 SVHC，REACH 法规将其列入了一个清单。SVHC 清单首次发表于 2008 年 10 月 28 日，截至 2020 年 06 月 18 日，SVHC 清单已增加到 209 种。SVHC 认证标志如图 A-13 所示。

14. Energy Star 认证

Energy Star（能源之星）是美国能源部和美国环保署共同推行的一项政府计划，旨在更好地保护生存环境、节约能源。1992 年由美国环保署参与，最早在计算机产品上推广。现在纳入此认证范围的产品已达 30 多类，如家用电器、制热/制冷设备、电子产品、照明产品等，Energy Star 认证标志如图 A-14 所示。

图 A-13　SVHC 认证标志

图 A-14　Energy Star 认证标志

15. 80PLUS 认证

80PLUS 认证是由美国能源信息署出台，Ecos Consulting 负责执行的一项全国性节能现金奖励方案。起初为降低能耗，鼓励系统商在生产台式机或服务器选配时使用满载、50% 负载、20% 负载效率均在 80% 以上和在额定负载条件下 PF 值大于 0.9 的电源。到今天为止，80PLUS 已成为公认的最严格的电源节能规范之一。80PLUS 各种等级的认证标志如图 A-15 所示。

认证标志	80 PLUS	80 PLUS BRONZE	80 PLUS SILVER	80 PLUS GOLD	80 PLUS PLATINUM	80 PLUS TITANIUM
标识名称	白牌	铜牌	银牌	金牌	白金	钛金
负载	转换效率					
20%	80%	82%	85%	87%	90%	92%
50%	80%	85%	88%	90%	92%	94%
100%	80%	82%	85%	87%	89%	90%

图 A-15　80PLUS 认证标志

16. ETL 认证

美国电子测试实验室（Electrical Testing Laboratories，ETL）由美国发明家爱迪生在 1896 年创立，在美国及世界范围内享有极高的声誉。同 UL、CSA 一样，ETL 可根据 UL 标准或美国国家标准测试核发 ETL 认证标志，也可同时按照 UL 标准或美国国家标准和 CSA 标准或加拿大标准测试核发复合认证标志。右下方的 "US" 表示适用于美国，左下方的 "C" 表示适用于加拿大，同时具有 "US" 和 "C" 则在两个国家都适用，ETL 认证标志如图 A-16 所示。

图 A-16　ETL 认证标志

附录 B　开关电源器件降额

B.1　GJB/Z 35 中规定的元器件降额标准

在 GJB/Z 35—1993《元器件降额准则》中规定，最佳降额范围内推荐采用三个降额等级，降额等级之间调整需认真权衡。

Ⅰ级降额：Ⅰ级降额是最大降额，对元器件使用可靠性的改善最大。Ⅰ级降额适用于下属情况：设备的失效将导致人员伤亡或装备与保障设施的严重破坏；对设备有高的可靠性要求，且采用新技术、新工艺的设计；由于费用和技术原因，设备失效后无法或不宜进行维修；系统对设备的尺寸、质量有苛刻的限制。

Ⅱ级降额：Ⅱ级降额是中等降额，对元器件使用可靠性有明显改善。Ⅱ级降额适用于下属情况：设备的失效将可能引起装备与保障设备的损坏；有高可靠性要求，且采用了某些专门的设计；需支付较高的维修费用。

Ⅲ级降额：Ⅲ级降额是最小的降额，对元器件使用可靠性改善的相对效益最大，但可靠性改善的绝对效果不如Ⅰ级降额和Ⅱ级降额。Ⅲ级降额适用于下属情况：设备的失效不会造成人员伤亡和设备破坏，设备采用成熟的标准设计，故障设备可迅速、经济地加以修复，对设备的尺寸、质量无严格限制。

元器件降额准则见表 B-1。

表 B-1　元器件降额准则

元器件种类	降额参数	降额等级		
		Ⅰ	Ⅱ	Ⅲ
放大器	电源电压	0.7	0.8	0.8
	输入电压	0.6	0.7	0.7
	输出电流	0.7	0.8	0.8
	功率	0.7	0.75	0.8
	最高结温/℃	80	95	105
比较器	电源电压	0.7	0.8	0.8
	输入电压	0.7	0.8	0.8
	输出电流	0.7	0.8	0.8
	功率	0.7	0.75	0.8
	最高结温/℃	80	95	105
电压调整器	电源电压	0.7	0.8	0.8
	输入电压	0.7	0.8	0.8
	输入输出电压差	0.7	0.8	0.85
	输出电流	0.7	0.75	0.8
	功率	0.7	0.75	0.8
	最高结温/℃	80	95	105

（续）

元器件种类	降额参数	降额等级		
		I	II	III
模拟开关	电源电压	0.7	0.8	0.85
	输入电压	0.8	0.85	0.9
	输出电流	0.75	0.8	0.85
	功率	0.7	0.75	0.8
	最高结温/℃	80	95	105
双极性数字电路	频率	0.8	0.9	0.9
	输出电流	0.8	0.9	0.9
	最高结温/℃	85	100	115
MOS 型数字电路	电源电压	0.7	0.8	0.8
	输出电流 （仅适用于缓冲器和触发器）	0.8	0.9	0.9
	频率	0.8	0.8	0.9
	最高结温/℃	85	100	115
混合集成电路	厚膜功率密度/（W/cm²）	7.5		
	薄膜功率密度/（W/cm²）	6.0		
	最高结温/℃	85	100	115
晶体管	一般晶体管反向电压	0.6	0.7	0.8
	功率 MOSFET 栅源电压	0.5	0.6	0.7
	电流	0.6	0.7	0.8
	功率	0.5	0.65	0.75
	集电极 – 发射极电压	0.7	0.8	0.9
	集电极最大允许电流	0.6	0.7	0.8
	最高结温 T_j（=200℃）/℃	115	140	160
	最高结温 T_j（=175℃）/℃	100	125	145
	最高结温 T_j（≤150℃）/℃	$T_j - 65$	$T_j - 40$	$T_j - 20$
二极管	电压 （不适用于稳压管）	0.6	0.7	0.8
	电流	0.5	0.65	0.8
	功率	0.5	0.65	0.8
	最高结温 T_j（=200℃）/℃	115	140	160
	最高结温 T_j（=175℃）/℃	100	125	145
	最高结温 T_j（≤150℃）/℃	$T_j - 60$	$T_j - 40$	$T_j - 20$
晶闸管	电压	0.6	0.7	0.8
	电流	0.5	0.65	0.8

（续）

元器件种类	降额参数	降额等级		
		I	II	III
晶闸管	最高结温 T_j（=200℃）/℃	115	140	160
	最高结温 T_j（=175℃）/℃	100	125	145
	最高结温 T_j（≤150℃）/℃	$T_j - 60$	$T_j - 40$	$T_j - 20$
半导体光电器件	电压	0.6	0.7	0.8
	电流	0.5	0.65	0.8
	最高结温 T_j（=200℃）/℃	115	140	160
	最高结温 T_j（=175℃）/℃	100	125	145
	最高结温 T_j（≤150℃）/℃	$T_j - 60$	$T_j - 40$	$T_j - 20$
合成型电阻	电压	0.75	0.75	0.75
	功率	0.5	0.6	0.7
	环境温度	按元器件负荷特性曲线降额		
薄膜型电阻器	电压	0.75	0.75	0.75
	功率	0.5	0.6	0.7
	环境温度	按元器件负荷特性曲线降额		
绕线电阻	电压	0.75	0.75	0.75
	功率（精密型）	0.25	0.45	0.6
	功率（功率型）	0.5	0.6	0.7
	环境温度	按元器件负荷特性曲线降额		
非线绕电位器	电压	0.75	0.75	0.75
	功率（合成、薄膜型微调）	0.3	0.45	0.6
	功率（精密塑料型）	不采用	0.5	0.5
	环境温度	按元器件负荷特性曲线降额		
绕线电位器	电压	0.75	0.75	0.75
	功率（普通型）	0.3	0.45	0.5
	功率（非密封功率型）	/	/	0.7
	功率（微调绕线型）	0.3	0.45	0.5
	环境温度	按元器件负荷特性曲线降额		
热敏电阻	功率	0.5	0.5	0.5
	最高环境温度 T_{am}/℃	$T_{am} - 15$	$T_{am} - 15$	$T_{am} - 15$
固定玻璃釉型电容	直流工作电压	0.5	0.6	0.7
	最高额定环境温度 T_{am}/℃	$T_{am} - 10$	$T_{am} - 10$	$T_{am} - 10$
固定云母型电容	直流工作电压	0.5	0.6	0.7
	最高额定环境温度 T_{am}/℃	$T_{am} - 10$	$T_{am} - 10$	$T_{am} - 10$
固定陶瓷型电容	直流工作电压	0.5	0.6	0.7
	最高额定环境温度 T_{am}/℃	$T_{am} - 10$	$T_{am} - 10$	$T_{am} - 10$

（续）

元器件种类	降额参数	降额等级		
		I	II	III
固定纸/塑料薄膜电容	直流工作电压	0.5	0.6	0.7
	最高额定环境温度 T_{am}/℃	$T_{am}-10$	$T_{am}-10$	$T_{am}-10$
铝电解电容（限于地面使用）	直流工作电压	/	/	0.75
	最高额定环境温度 T_{am}/℃	/	/	$T_{am}-20$
钽电解电容（≥3Ω/V 等效串联电阻）	直流工作电压	0.5	0.6	0.7
	最高额定环境温度 T_{am}/℃	$T_{am}-20$	$T_{am}-20$	$T_{am}-20$
微调电容器	直流工作电压	0.3~0.4	0.5	0.5
	最高额定环境温度 T_{am}/℃	$T_{am}-10$	$T_{am}-10$	$T_{am}-10$
电感元件	热点温度 T_{hs}/℃	$T_{hs}-(40~50)$	$T_{hs}-(25~10)$	$T_{hs}-(15~0)$
	工作电流	0.6~0.7	0.6~0.7	0.6~0.7
	瞬态电压/电流	0.9	0.9	0.9
	介质耐压	0.5~0.6	0.5~0.6	0.5~0.6
	扼流圈工作电压（仅适用扼流圈）	0.7	0.7	0.7
继电器	线圈吸合最小维持电压	0.9	0.9	0.9
	线圈吸合最小线圈电压	1.1	1.1	1.1
	线圈释放最大允许值	1.1	1.1	1.1
	线圈释放最小允许值	0.9	0.9	0.9
	最高额定环境温度 T_{am}/℃	$T_{am}-20$	$T_{am}-20$	$T_{am}-20$
	触点功率（适用于舌簧水银式）	0.4	0.5	0.7
连接器	工作电压	0.5	0.7	0.8
	工作电流	0.5	0.7	0.85
	最高接触对额定温度 T_m/℃	T_m-50	T_m-25	T_m-20
熔断器（保险丝）	电流额定值（>0.5A）	0.45~0.5	0.45~0.5	0.45~0.5
	电流额定值（≤0.5A）	0.2~0.4	0.2~0.4	0.2~0.4
	环境温度 $T>25$℃时，电流按 0.005/℃作附加降额	0.005	0.005	0.005
导线与线缆	最大应用电压	最大绝缘电压规定值的 0.5		
	线规（Avg）	30/28/26/24/22/20/18/16		
	单根导线电流	1.3/1.8/2.5/3.3/4.5/6.5/9.2/13		
	线规（Avg）	14/12/10/8/6/4		
	单根导线电流	17/23/33/44/60/81		

B.2 罗姆航空元器件降额准则

美国罗姆航空发展中心元器件降额准则见表 B-2。

表 B-2 美国罗姆航空发展中心元器件降额准则

元器件种类			降额参数	降额等级		
				I	II	III
集成电路	模拟电路	双极型电路	电源电压	±3%	±5%	±5%
			输入电压	0.6	0.7	0.7
			频率	0.75	0.8	0.9
			输出电流	0.7	0.75	0.8
			扇出	0.7	0.75	0.8
			最高结温/℃	85	110	125
		MOS 型电路	电源电压	±3%	±5%	±5%
			输入电压	0.6	0.7	0.7
			频率	0.8	0.8	0.8
			输出电流	0.7	0.75	0.8
			扇出	0.8	0.8	0.9
			最高结温/℃	85	110	125
	数字电路	双极型电路	电源电压	±3%	±5%	±5%
			频率	0.75	0.8	0.9
			输出电流	0.7	0.75	0.8
			扇出	0.7	0.75	0.8
			最高结温/℃	85	110	125
		MOS 型电路	电源电压	±3%	±5%	±5%
			频率	0.8	0.8	0.8
			输出电流	0.70	0.75	0.8
			扇出	0.8	0.8	0.9
			最高结温/℃	85	110	125
	混合集成电路		最高结温/℃	低于所用工艺推荐的温度		
微处理器		双极型电路	电源电压	±3%	±5%	±5%
			频率	0.75	0.8	0.9
			输出电流	0.7	0.75	0.8
			扇出	0.7	0.75	0.8
			最高结温(8 bit/℃)/℃	80	110	125
			最高结温(16 bit/℃)/℃	70	110	125
			最高结温(32 bit/℃)/℃	80	110	125

（续）

元器件种类			降额参数	降额等级		
				I	II	III
集成电路	微处理器	MOS 型电路	电源电压	±3%	±5%	±5%
			频率	0.8	0.8	0.8
			输出电流	0.7	0.75	0.8
			扇出	0.8	0.8	0.9
			最高结温 (8 bit/℃)/℃	125	125	125
			最高结温 (16 bit/℃)/℃	90	125	125
			最高结温 (32 bit/℃)/℃	60	100	125
半导体分立器件	硅双极型晶体管		功耗	0.5	0.6	0.7
			收集极 – 发射极电压	0.7	0.75	0.8
			收集极电流	0.6	0.65	0.7
			击穿电压	0.65	0.85	0.9
			最高结温 T_{jm}/℃	95	125	135
	GaAs MOSFET		功耗	0.5	0.6	0.7
			击穿电压	0.6	0.7	0.7
			最高通道温度 T_{jm}/℃	85	100	125
	硅 MOSFET		功耗	0.5	0.65	0.75
			击穿电压	0.6	0.7	0.7
			最高通道温度 T_{jm}/℃	95	120	140
	信号/开关二极管		反向电流	0.5	0.6	0.75
			反向电压	0.7	0.7	0.7
			最高结温/℃	95	105	125
	功率整流二极管		反向电流	0.5	0.65	0.75
			反向电压	0.7	0.7	0.7
			最高结温/℃	95	105	125
	肖特基二极管		反向电流	0.5	0.6	0.7
			反向电压	0.5	0.65	0.75
			最高结温/℃	95	105	125

（续）

元器件种类		降额参数	降额等级		
			I	II	III
半导体分立器件	瞬态抑制二极管	功耗	0.5	0.6	0.7
		平均电流	0.5	0.65	0.75
		最高结温/℃	95	105	125
	稳压二极管	功耗	0.5	0.6	0.7
		最高结温/℃	95	105	125
	基准二极管	最高结温/℃	95	105	125
	晶闸管	电压	0.6	0.7	0.8
		电流	0.5	0.65	0.8
		最高结温 $T_{jm}(=200℃)/℃$	115	140	160
		最高结温 $T_{jm}(=175℃)/℃$	100	125	145
		最高结温 $T_{jm}(\leqslant150℃)/℃$	$T_{jm}-65$	$T_{jm}-40$	$T_{jm}-20$
固定电阻器	合成型电阻器	功率	0.5	0.5	0.5
		最高温度的降额量/℃	30	30	30
	薄膜型电阻器	功率	0.5	0.5	0.5
		最高温度的降额量/℃	40	40	40
	热敏电阻器	功率	0.5	0.5	0.5
		最高温度的降额量/℃	20	20	20
	精密性线绕电阻器	功率	0.5	0.5	0.5
		最高温度的降额量/℃	10	10	10
	功率型线绕电阻器	功率	0.5	0.5	0.5
		最高温度的降额量/℃	125	125	125
电容器	薄膜、瓷介云母、玻璃釉	直流工作电压	0.5	0.6	0.6
		最高额定环境温度 T_{AM}/℃	45	35	35
	电解电容 · 非固体钽	直流工作电压	0.5	0.6	0.6
		最高额定环境温度 T_{AM}/℃	$T_{AM}-20$	$T_{AM}-20$	$T_{AM}-20$

（续）

元器件种类			降额参数	降额等级		
				Ⅰ	Ⅱ	Ⅲ
电容器	电解电容	固体钽	直流工作电压	0.5	0.6	0.6
			最高额定 环境温度 T_{AM}/℃	85	85	85
		铝电解	直流工作电压	—	—	0.8
			最高额定 环境温度 T_{AM}/℃	—	—	$T_{AM}-20$
电感元件			热点温度 T_{HS}/℃	$T_{HS}-40$	$T_{HS}-25$	$T_{HS}-15$
			工作电流	0.6	0.6	0.6
			介质耐压	0.5	0.5	0.5
继电器	触点电流		电阻负载	0.5	0.75	0.75
			电容负载	0.5	0.75	0.75
			电感负载	0.35	0.4	0.4
	触点功率			0.4	0.5	0.5
	环境温度 T_{AM}/℃			$T_{AM}-20$	$T_{AM}-20$	$T_{AM}-20$
开关	触点电流		电阻负载	0.5	0.75	0.75
			电容负载	0.5	0.75	0.75
			电感负载	0.35	0.4	0.4
	触点功率			0.4	0.5	0.5
电连接器			工作电压	0.5	0.7	0.7
			工作电流	0.5	0.7	0.7
			温度/℃	$T_{AM}-50$	$T_{AM}-25$	$T_{AM}-25$
保险丝			电流	0.5	0.5	0.5

B.3　基于工作区的器件降额准则

开关电源类产品应用环境复杂，相关应力范围大，考虑实际应用条件和应用条件出现概率的不同，对开关电源应用定义为额定工作区、工作范围区和过渡工作区。

额定工作区：在一般应用条件下的额定工作区，如额定输入、整定值输出、常温25℃环境、负载为空载到满载全负载范围。

工作范围区：指开关电源规格书中所规定的范围内，如输入电压范围、输出电压范围、输出负载范围、环境温度范围所限定的区域，并考虑不同维度的组合。

过渡工作区：指开关电源短时间过渡工作的区域，如开机启动、停电关机、输入过高压、输入快速反复变化、输出负载大动态变化、环境温度突变和输出短路等，但在工作范围区内有明确负载动态要求的除外。

基于工作区的器件降额准则见表 B-3。

表 B-3 基于工作区的器件降额准则

元器件种类	降额参数	降额等级		
		额定工作区	工作范围区	过渡工作区
数字集成电路	最高工作电压	<100%		
	最低工作电压	>100%		
	结温 T_j	<80%	<90%	$<T_j-5℃$
模拟集成电路	最高工作电压	<90%	<95%	<100%
	最低工作电压	>105%	>105%	>100%
	结温 T_j	<80%	<90%	$<T_j-5℃$
光耦合器	最高工作电压	<90%	<95%	<100%
	最低工作电压	>100%		
	输入正向电流 I_F	<20mA		<25mA
	输出电流 I_O	<75%		<85%
	CTR	<50%	<60%	<70%
功率二极管	反向耐压 V_{RM} 平台电压	<80%	<85%	/
	反向耐压 V_{RM} 尖峰电压（≤500V 规格）	<90%	<95%	<100%
	反向耐压 V_{RM} 尖峰电压（>500V 规格）	<85%	<90%	<95%
	正向平均电流 I_{FAV}	<80%	<90%	/
	正向重复峰值电流 I_{FRM}	<85%		/
	结温 T_j（肖特基）	<75%	<90%	$<T_j-5℃$
	结温 T_j（除肖特基外）	<80%	<90%	$<T_j-5℃$
信号二极管	反向峰值电压 V_{RM}	<90%	<90%	<90%
	正向电流 I_F	<85%		<100%
	结温 T_j	<80%	<90%	$<T_j-5℃$
发光二极管	正向平均电流 I_{FAV}	<85%		
	正向峰值电流 I_{FAVM}	<85%		
	环境温度 T_A	<80%	<95%	
桥堆	反向峰值电压 V_R	<80%	<85%	<100%
	正向平均电流 I_{FAV}	<80%	<90%	/
	结温 T_j	<80%	<90%	$<T_j-5℃$
稳压二极管	稳压电流 I_Z	<80%	<80%	<95%
	结温 T_j	<80%	<90%	$<T_j-5℃$
TVS	TVS 吸收电流 I_{PM}	<90%		
	TVS 吸收功率 P_{PM}	<80%		

（续）

元器件种类	降额参数	降额等级		
		额定工作区	工作范围区	过渡工作区
TVS	TVS 钳位电压 V_C	<90%		
三极管	集电极电压 V_{CE}	<80%	<85%	<90%
	V_{EB}	<80%	<85%	<90%
	集电极电流 I_{CAV}	<85%	<90%	<90%
	结温 T_j	<80%	<90%	$<T_j-5℃$
MOSFET	V_{DS} 平台电压（≤500V 规格）	<80%	<90%	<95%
	V_{DS} 平台电压（>500V 规格）	<75%	<85%	<95%
	V_{DS} 峰值电压	<95%	<100%	符合雪崩降额
	栅源电压 V_{GS}	<85%	<85%	<100%
	漏极电流 I_{DS}（均方根电流 I_d）	<70%	<80%	/
	漏极电流 I_{DS}（瞬态电流 I_{dm}）	/	/	<90%
	结温 T_j	<80%	<85%	$<T_j-5℃$
IGBT	V_{CE} 平台电压	<80%	<90%	<100%
	V_{CE} 尖峰电压	<95%	<95%	<100%
	V_{CE} 平台电压（负压）	/	<90%	<90%
	I_C 平均电流	<60%	<80%	/
	I_{CM} 脉冲电流	/	<80%	<80%
	V_{GE} 平台电压	<85%	<85%	
	V_{GE} 尖峰电压	<95%	<95%	<100%
	结温 T_j	<80%	<85%	$<T_j-5℃$
电磁元件	线包 CLASS-B（130℃）	<110℃	<120℃	符合安规要求
	线包 CLASS-F（155℃）	<135℃	<145℃	符合安规要求
	线包 CLASS-H（180℃）	<155℃	<165℃	符合安规要求
继电器	线圈稳态工作电压	80%~110%		
	触点功率	<85%		
	工作环境温度	<100%		
熔丝	工作电压	<100%	/	/
	工作电流 I_{EC} 规格≥4h 长期工作	<95%	/	/
	工作电流 I_{EC} 规格<4h 单次连续	<125%	/	/
	工作电流 I_{EC} 规格<0.5h 单次连续	<160%	/	/
	I^2t，10000 次	/	/	<30%
	I^2t，1000 次	/	/	<38%
风扇	额定电压	90%~110%	/	/
	最低电压	/	>105%	>100%

（续）

元器件种类	降额参数	降额等级		
		额定工作区	工作范围区	过渡工作区
风扇	最高电压	/	<95%	<100%
	工作温度	<90%	<90%	<100%
热敏电阻	稳态工作电流	<70%	<75%	<80%
	软启动用 NTC 壳温	$< T_A - 40℃$	$< T_A - 20℃$	$< T_A - 10℃$
	温度检测/温度补偿壳温	$< T_A - 15℃$	$< T_A - 10℃$	$< T_A$
	PTC 动作状态工作电压	<90%	<90%	<90%
	PTC 不动作状态工作电流	<80%	<90%	<100%
压敏电阻	工作电压	/	<90%	<100%
	通流能力	/	/	<100%
	工作温度	/	<95%	<100%
非固体铝电解电容	正向平均直流电压（450V）	<95%	<97%	<100%
	正向平均直流电压（非450V）	<90%	<95%	<95%
	正向平均直流电压（最小值）	>25%		
	纹波峰值电压	<98%	<100%	<100%
	浪涌电压（$T \leqslant 2ms$）	<120%		
	浪涌电压（$2ms < T \leqslant 200ms$）	<110%		
	浪涌电压（$200ms < T \leqslant 10s$）	<100%		
	纹波电流（$T_A \leqslant 40℃$，SNAP – IN 125℃）	<200%	<250%	/
	纹波电流（$T_A \leqslant 40℃$，SNAP – IN 105℃）	<180%	<220%	/
	纹波电流（$T_A \leqslant 40℃$，SNAP – IN 85℃）	<150%	<180%	/
	纹波电流（$T_A \leqslant 40℃$，RADIAL – LEAD）	<120%	<150%	/
	纹波电流（$40℃ < T_A \leqslant 60℃$）	<120%	<150%	/
	纹波电流（$60℃ < T_A$）	<80%	<100%	/
	壳温	$< T_{max} - 20℃$	$< T_{max} - 10℃$	$< T_{max}$
固体铝电解电容（注：浪涌电压为单次不重复波形）	平均直流电压	<90%	<95%	<95%
	纹波峰值电压	<95%	<100%	<100%
	浪涌电压（$T \leqslant 2ms$）	<120%		
	浪涌电压（$2ms < T \leqslant 200ms$）	<110%		
	浪涌电压（$200ms < T \leqslant 10s$）	<100%		
	纹波电流	<100%		
	壳温 T_c	$< T_{max} - 20℃$	$< T_{max} - 10℃$	$< T_{max}$
钽电容器	普通钽电容工作电压	<10%	<10%	<10%
	$V_r \leqslant 10V$ 钽电容工作电压	<70%	<85%	<90%
	$10V < V_r \leqslant 25V$ 钽电容工作电压	<70%	<70%	<80%

（续）

元器件种类	降额参数	降额等级		
		额定工作区	工作范围区	过渡工作区
钽电容器	25V < V_r 钽电容工作电压	<60%	<60%	<80%
	壳温 T_c	< T_{max} − 20℃	< T_{max} − 10℃	< T_{max}
	开关机冲击电流	<70%		
薄膜电容	一般用途工作电压	<70%	<85%	<100%
	安规型 X1/X2/Y2 交流用途	≤100%		
	安规型 X1/X2/Y2 直流用途	<70%		
	功率型交流滤波	<85%	<90%	<100%
	功率型直流母线	<90%	<95%	<100%
	工作电流最大值	<70%		
	工作电流纹波电流有效值	<90%		
	壳温 T_c	< T_{max} − 20℃	< T_{max} − 10℃	< T_{max}
	聚丙烯电容器 MKP 温升 $\Delta T = (T_c - T_a)$	8℃		
	聚酯膜电容器 MKT 温升 $\Delta T = (T_c - T_a)$	15℃		
陶瓷电容器	一般直流交流用工作电压	<80%	<80%	<85%
	安规 X/Y 电容	≤100%	≤100%	≤100%
	谐振吸收、单极方波、高频正弦	<75%	<90%	<100%
	壳温 T_c	< T_{max} − 10℃	< T_{max}	/
	温升 $\Delta T = (T_c - T_a)$	<20℃	/	/
电阻类	工作电压（0Ω 电阻除外）	<85%	<90%	<100%
	平均功率	<60%	<80%	<100%
	过脉冲功率	<100%		
	工作温度	<80%		<100%

B.4　IPC 9592B 器件降额规范

　　IPC 9592B 是国际电子工业联接协会发布的首套功率转换标准——计算机和电信行业电源转换装置要求，该标准覆盖功率转换产品特征的全部范围，包括产品的规格、文件需求、可靠性设计、设计和质量测试以及制造一致性测试。

　　IPC–9592B 的发布为电源和稳压器行业提供了前所未有的全新标准，使生产商和供应商能够通力协作推动功率转换业的发展，它可以通过协调设计、认证及生产环节的测试实践要求，能够更好地为客户提供所需的可靠产品。

　　IPC–9592B 标准把电源产品分为Ⅰ级和Ⅱ级两类：

　　Ⅰ级是指应用于个人计算机和通信及外围设备等一般产品的电源，应用于可控环境，寿命为5年。

　　Ⅱ级是指应用于高性能、长寿命的通信网络设备、网络计算机、复杂的商业机器和仪表的电源，工作于有限可控环境，寿命为5~15年。

　　IPC 9592B 标准中的器件降额规范见表 B-4。

表 B-4　IPC 9592B 器件降额规范

元器件种类	降额参数	II 级降额	I 级降额
电容			
固体陶瓷电容器	直流电压	≤90%	≤90%
	低于最高限值的温度/℃	≥10	≥10
固体钽电容器	直流电压	≤40%	≤60%
	纹波电流	≤60%	—
	反向电压峰值	≤2%	≤2%
	低于最高限值的温度/℃	≥20	≥20
固体薄膜电容	交直流电压	≤70%	≤70%
	低于最高限值的温度/℃	≥10	≥10
	电源 X – Y 电容工作电压	≤100%	≤100%
固体铝电解电容	直流电压	≤80%	≤80%
	直流电压（≥250V 电容）	≤90%	≤90%
	寿命（使用电容寿命计算公式）/年	40℃ 80% 负载条件下，≥10	40℃ 80% 负载条件下，≥10
固体导电性聚合物钽或铝电容	直流电压	≤70%	≤85%
	纹波电流	≤80%	低于器件规格
	低于最高限值的温度/℃	≥10℃	低于器件规格
	寿命（使用电容寿命计算公式）/年	40℃ 80% 负载条件下，≥10	40℃ 80% 负载条件下，≥5
固体有机半导体电解电容	直流电压	≤80%	≤85%
	纹波电流	≤80%	低于器件规格
	低于最高限值的温度/℃	≥20	低于器件规格
	寿命（使用电容寿命计算公式）/年	40℃ 80% 负载条件下，≥10	40℃ 80% 负载条件下，≥5
固体云母电容玻璃釉易碎不推荐	直流电压	≤70%	≤70%
	低于最高限值的温度/℃	≥10	≥10
电阻			
固定膜电阻（含分立和 SMD 薄膜、厚膜和金属氧化物电阻）	功率	≤60%	≤70%
	最高工作电压	≤70%	≤70%
	低于最高限值的温度/℃	≥25	≥25
	SMD 最高本体温度/℃	100	≤100
0Ω 电阻	电流	≤85%	≤85%
合成型电阻器	功率	≤60%	≤70%
	最高工作电压	≤60%	低于器件规格
	低于最高限值的温度/℃	≥25	≥25
功率型线绕电阻器	功率	≥70%	≤70%

（续）

元器件种类	降额参数	Ⅱ级降额	Ⅰ级降额
电阻			
功率型线绕电阻器	最高工作电压	≤60%	低于器件规格
	低于最高限值的温度/℃	≥6	≥6
可变电阻器	功率	≤40%	≤70%
	最高工作电压	≤50%	≤50%
	低于最高限值的温度（线绕型）/℃	≥20	≥20
	低于最高限值的温度（非线绕型）/℃	≥30	≥30
热敏电阻器	功率	≤50%	≤50%
	最高工作电压	≤80%	低于器件规格
	低于最高限值的温度/℃	≥20	≥20
金属氧化物压敏电阻器	功率	≤60%	≤60%
	工作电压或钳位电压	≤30%	≤30%
	最大电流	≤90%	≤90%
	额定电压有效值	≤90%	≤90%
	最大能量	≤90%	≤90%
厚膜网络电阻器	功率	≤70%	≤70%
	低于最高限值的温度/℃	≥24	≥24
	SMD 最高本体温度/℃	≤100	低于器件规格
二极管和晶体管			
通用二极管（信号或开关，PiN，肖特基	正向电流	≤90%	
	反向电压	≤70%	
	功率	≤75%	
	最高结温 $T_{j\,max}$/℃	≤$T_{j\,max}$ − 25	
功率二极管（肖特基和非肖特基）	平均正向电流	≤90%	
	反向电压	≤80% / ≤80% 包括重复峰值电压，且单个峰值不超过最大规格的90%	
	最高结温 $T_{j\,max}$/℃	≤$T_{j\,max}$ − 25	
	功率	≤70%	
碳化硅功率二极管	正向电流	≤80%	
	反向电压	≤80%	
	最高结温 $T_{j\,max}$/℃	≤$T_{j\,max}$ − 25	
瞬态抑制二极管	峰值功率	≤70%	
	正向峰值浪涌电流	≤70%	
	最高结温 $T_{j\,max}$/℃	≤$T_{j\,max}$ − 25	
稳压/基准二极管（包括齐纳二极管）	功率	≤50%	
	最高结温 $T_{j\,max}$/℃	≤$T_{j\,max}$ − 25	
晶闸管	瞬态能量	≤80%	
	开通电流	≤90%	
	关断电压	≤70%	
	最高结温 $T_{j\,max}$/℃	≤$T_{j\,max}$ − 25	

（续）

元器件种类	降额参数	Ⅱ级降额	Ⅰ级降额
二极管和晶体管			
微波二极管	功率	≤90%	
	反向电压	≤70%	
	最高结温 $T_{j\,max}$/℃	≤$T_{j\,max}$ − 25	
GaAs GaP GaN – SiC GaAsP AlGaAs 发光二极管	功率	≤70%	
	正向电流	≤70%	
	反向峰值电压	≤80%	
	最高结温 $T_{j\,max}$/℃	≤$T_{j\,max}$ − 25	
光电二极管	功率	≤80%	
	电流	≤75%	
	电压	≤75%	
	最高结温 $T_{j\,max}$/℃	≤$T_{j\,max}$ − 25	
注入激光二极管	功率	75%	
	最高结温 $T_{j\,max}$/℃	≤$T_{j\,max}$ − 25	
硅双极 – 小信号或功率二极管	功率	≤75%	
	集电极发射极电压	≤80%	
	发射极基极电压	≤80%	
	集电极电流	≤60%	
	最高结温 $T_{j\,max}$/℃	≤$T_{j\,max}$ − 25	
硅场效应晶体管 – 小信号二极管	漏源击穿电压	≤80%	
	栅源电压	≤80%	
	漏极电流	≤80%	
	最高结温 $T_{j\,max}$/℃	≤$T_{j\,max}$ − 25	
	ESD 额定值	>1000V	
功率 MOSFET 和 IGBT	功率	≤75%	
	漏极电流/集电极电流	≤90%/≤90% 包含峰值电流	
	漏源/集电极发射极电压	≤90%/≤90% 对于额定值 <200V 的器件，包括重复尖峰电压，且单个尖峰能量不得超过雪崩额定值的50% ≤80%/≤80% 对于额定值 >200V 的器件，包括重复尖峰电压，且单个峰值不得超过95%最大额定值	
	栅源电压	≤80%	
	最高结温 $T_{j\,max}$/℃	≤$T_{j\,max}$ − 25	
	dv/dt 额定值/(V/ns)	体二极管反向恢复时最大 5V/ns 电容充电应用中要求 30V/ns ~ 40V/ns	
	功率	≤80%	
光电晶体管	电流	≤75%	
	电压	≤75%	
	最高结温 $T_{j\,max}$/℃	≤$T_{j\,max}$ − 25	
场效应砷化镓晶体管	功率	90%	
	最高通道温度/℃	≤$T_{j\,max}$ − 25	
Hetro 结双极性砷化镓晶体管	功率	≤90%	
	最高通道温度/℃	≤$T_{j\,max}$ − 25	

（续）

元器件种类	降额参数	II 级降额	I 级降额
二极管和晶体管			
高迁移率砷化镓晶体管	功率	≤90%	
	最高通道温度/℃	≤$T_{j\,max}$ - 25	
电磁元件			
功率电感	最高热点温度低于绝缘等级的温度/℃	≤25	≤25
功率变压器	最高热点温度低于绝缘等级的温度/℃	≤25	≤25
	低于线圈限值的温度（适用于线圈运行满足安规要求的变压器）/℃	≤15	≤15
EMI 滤波器线圈	功率	≤80%	≤80%
	直流电流	≤90%	≤90%
	浪涌电压	≤90%	≤90%
	最高热点温度低于绝缘等级的温度/℃	≤25℃	≤25℃
粉末铁氧体磁芯（含直流扼流圈）	最高磁芯温度或热点温度/℃	≤100℃	≤100℃
集成电路			
硅数字型集成电路（MOS 和双极）	输出电流	≤80%	低于器件规格
	工作频率	≤90%	低于器件规格
	最高结温（$T_{j\,max}$）/℃	≤$T_{j\,max}$ - 25	≤$T_{j\,max}$ - 25
硅线性集成电路（双极）	输入电压	85%	低于器件规格
	输出电压	80%	80%
	输出电流	80%	90%
	最高结温（$T_{j\,max}$）/℃	≤$T_{j\,max}$ - 25	≤$T_{j\,max}$ - 25
硅线性集成电路（JFET 和 MOS）	输入电压	≤70%	低于器件规格
	输出电压	≤80%	≤80%
	输出电流	≤90%	≤90%
	最高结温（$T_{j\,max}$）/℃	≤$T_{j\,max}$ - 25	≤$T_{j\,max}$ - 25
混合微电路			
厚膜电阻器	功率	≤70%	≤70%
薄膜电阻器	功率	≤70%	≤70%
片式电阻器	功率	≤70%	≤70%
片式电容器	电压	≤70%	≤70%
通用二极管	正向电流	≤90%	≤90%
	反向电压	≤80%	≤80%
微波二极管	功率	≤90%	≤90%
	反向电压	≤80%	≤80%

（续）

元器件种类	降额参数	Ⅱ级降额	Ⅰ级降额
混合微电路			
双极晶体管	功率	≤90%	≤90%
	集电极发射极电压	≤80%	≤80%
场效应晶体管	功率	≤90%	≤90%
	击穿电压	≤90%	≤90%
混合组件	最高结温 $T_{j\,max}$/℃	$\leqslant T_{j\,max}-25$	$\leqslant T_{j\,max}-25$
其他元器件			
断路器	电流	≤60%	≤80%
	电压	≤60%	低于器件规格
熔断器（保险丝）	电流（正常熔断）	≤90%	≤90%
	电流（延时 – 慢熔）	≤85%	≤85%
	I^2t 值	≤70%	≤70%
可复位多元熔断器（保险丝）	工作电流	≤50%	≤80%
	故障电流	≤50%	≤80%
	电压	≤70%	≤80%
风扇 参阅 IPC – 9591 气动装置性能参数	平均转速	90%	100%
	承载力	参考器件规格	参考器件规格
	低于最高环境限值的温度/℃	≥10	≥5
连接器	电压	≤70%	≤70%
	电流	≤70%	≤70%
	低于最高限值的内部温度/℃	≥25	≥25
	最小干电路电压/V	≥12	≥12
	最小干电路电流/mA	≥100	≥100
继电器	阻性负载电流	≤75%	≤75%
	容性负载电流	≤75%	≤75%
	感性负载电流（非钳位）	≤40%	≤40%
	感性负载电流（钳位）	≤75%	≤75%
	电机负载电流	≤20%	≤20%
	灯丝电流	≤10%	≤10%
	交流或直流接触电压	≤50%	低于器件规格
	接触功率	≤50%	≤50%
	驱动电压最小/额定最小电压	≥110%	低于器件规格
	驱动电压最大/额定最大值	100%	低于器件规格
	低于最高限值的温度/℃	≥20	低于器件规格
通用开关	阻性负载接触电流	≤75%	≤90%
	容性负载接触电流	≤75%	≤90%
	感性负载接触电流	≤40%	≤75%
	感性负载接触电流（钳位）	≤75%	≤75%

（续）

元器件种类	降额参数	Ⅱ级降额	Ⅰ级降额
其他元器件			
通用开关	电机负载接触电流	≤20%	≤30%
	灯丝负载接触电流	≤10%	≤20%
	接触功率	≤50%	≤70%
	交流或直流接触电压	≤50%	低于器件规格
	接触浪涌电流	≤80%	≤80%
	低于最高限值的温度/℃	≥20	≥20
晶体（包括振荡器）	电流	≤70%	遵循供应商规范
	驱动功率	≤33%	遵循供应商规范
	电压	遵循供应商规范	遵循供应商规范
	低于最高限值的温度/℃	≥30℃	遵循供应商规范
光隔离器	峰值电压	≤75%	≤75%
	电流	≤70%	≤70%
	功率	≤80%	≤80%
	结温/℃	≤0.75（$T_{j\,max}$ −25）+20	≤0.75（$T_{j\,max}$ −25）+20
	电流传输比	≤75%	≤75%
光缆	隔离电压	≤80%	≤80%
	弯曲半径（最小额定值比例）	≥200%	≥200%
	电缆张力（额定强度比例）	≤50%	≤50%
	纤维张力（验证试验比例）	≤20%	≤20%
同轴电缆	弯曲半径（最小额定值比例）	≥110%	≥110%
印制电路板	绝对最高温度	低于UL层压板材料等级规范10℃	UL层压材料等级规范
	焊料限值温度	符合UL796的温度暴露时间	符合UL796的温度暴露时间

附录 C　开关电源相关标准

开关电源产品涉及的相关标准见表 C-1 所示。

表 C-1　开关电源相关标准

序号	类别	标准号	标准名称
1	邮电电源标准	YD/T 731—2018	通信用48V整流器
2		YD/T 1051—2018	通信局（站）电源系统总技术要求
3		YD/T 1095—2018	通信用交流不间断电源（UPS）
4		YD/T 3280—2017	网络机柜用分布式电源系统
5		YD/T 2165—2010	通信用模块化不间断电源
6		YD/T 1817—2017	通信设备用直流远供电源系统
7		YD/T 3090—2016	通信用壁挂式电源系统
8		YD/T 1669—2016	离网型通信用风/光互补供电系统
9		YD/T 1058—2015	通信用高频开关电源系统

（续）

序号	类别	标准号	标准名称
10	邮电电源标准	YD/T 1436—2014	室外型通信电源系统
11		YD/T 2435.1—2012	通信电源和机房环境节能技术指南 第1部分：总则
12		YD/T 2435.3—2012	通信电源和机房环境节能技术指南 第3部分：电源设备能效分级
13		YD/T 3032—2016	通信局站动力和环境能效要求和评测方法
14		YD/T 637—2006	通信用直流-直流变换设备
15		YD/T 1376—2005	通信用直流-直流模块电源
16		YD/T 1073—2000	通信用太阳能供电组合电源
17		YD/T 3087—2016	通信用嵌入式太阳能光伏电源系统
18		YD/T 1818—2018	电信数据中心电源系统
19		YD/T 2378—2011	通信用240V直流供电系统
20		YD/T 2555—2013	通信用240V直流供电系统配电设备
21		YD/T 2556—2013	通信用240V直流供电系统维护技术要求
22		YD/T 2656—2013	基于240V/336V直流供电的通信设备电源输入接口技术要求与试验方法
23		YD/T 5210—2014	240V直流供电系统工程技术规范
24		YD/T 3091—2016	通信用240V/336V直流供电系统运行后评估要求与方法
25		YD/T 3319—2018	通信用240V/336V输入直流-直流电源模块
26		YD/T 944—2007	通信电源设备的防雷技术要求和测试方法
27		YD/T 1970.7—2015	通信局（站）电源系统维护技术要求 第7部分：防雷接地系统
28		YD/T 5096—2016	通信用电源设备抗地震性能检测规范
29		YD/T 1173—2016	通信电源用阻燃耐火软电缆
30	铁塔电源标准	Q/ZTT 2209.1—2017	开关电源系统技术要求 第1部分：组合式高频开关电源系统
31		Q/ZTT 2209.2—2017	开关电源系统技术要求 第2部分：嵌入式高频开关电源系统
32		Q/ZTT 2209.3—2017	开关电源系统技术要求 第3部分：壁挂式高频开关电源系统
33		Q/ZTT 2209.4—2017	开关电源系统技术要求 第4部分：微站电源
34		Q/ZTT 1016—2015	嵌入式高频开关电源系统检测规范
35		Q/ZTT 1014—2015	组合式高频开关电源系统检测规范
36		Q/ZTT 1009—2014	通信基站防雷接地技术要求
37	电网电源标准	GB/T 19826—2014	电力工程直流电源设备通用技术条件及安全要求
38		DL/T 5044—2014	电力工程直流电源系统设计技术规程
39		DL/T 1074—2019	电力用直流和交流一体化不间断电源
40		DL/T 5491—2014	电力工程交流不间断电源系统设计技术规程
41		DL/T 781—2001	电力用高频开关整流模块
42		DL/T 1909—2018	-48V电力通信直流电源系统技术规范
43		DL/T 724—2000	电力系统用蓄电池直流电源装置运行与维护技术规程
44		DL/T 459—2017	电力用直流电源设备
45		DL/T 857—2004	发电厂、变电站蓄电池用整流逆变设备技术条件
46		DL/T 1392—2014	直流电源系统绝缘监测装置技术条件
47		DL/T 381—2010	电子设备防雷技术导则
48		DL/T 1336—2014	电力通信站光伏电源系统技术要求
49		DL/T 1364—2014	光伏发电站防雷技术规程
50		Q/GDW 617—2011	光伏电站接入电网技术规定
51		Q/GDW 480—2015	分布式电源接入电网技术规定
52		Q/GDW 666—2011	分布式电源接入配电网测试技术规范
53		Q/GDW 667—2011	分布式电源接入配电网运行控制规范
54	军用电源标准	GJB 9136—2017	军用程控直流电源通用规范
55		GJB 1921—1994	军用微型计算机系统用开关电源通用规范
56		GJB 1019A—2006	空空导弹电源通用规范
57		GJB 572A—2006	飞机外部电源供电特性及一般要求
58		GJB 5939—2007	军用便携式太阳能供电设备通用规范
59		GJB 4030A—2005	军用雷达和电子对抗装备用低压电源用模块规范

（续）

序号	类别	标准号	标准名称
60		GJB 5808—2006	军用通信车车载电源系统通用规范
61		GJB/Z 35—1993	元器件降额准则
62		GJB 450A—2004	装备可靠性工作通用要求
63		GJB 899A—2009	可靠性鉴定和验收试验
64		GJB 1407—1992	可靠性增长试验
65		GJB/Z 34—1993	电子产品定量环境应力筛选指南
66		GJB/Z 77—1995	可靠性增长管理手册
67		GJB 5080—2004	军用通信设施雷电防护设计与使用要求
68		GJB 1032—1990	电子产品环境应力筛选方法
69		GJB 150.1A—2009	军用设备实验室环境试验方法 第1部分：通用要求
70		GJB 150.2A—2009	军用设备实验室环境试验方法 第2部分：低气压（高度）试验
71		GJB 150.3A—2009	军用设备实验室环境试验方法 第3部分：高温试验
72		GJB 150.4A—2009	军用设备实验室环境试验方法 第4部分：低温试验
73		GJB 150.5A—2009	军用设备实验室环境试验方法 第5部分：温度冲击试验
74		GJB 150.6A—2009	军用设备实验室环境试验方法 第6部分：温度－高度试验
75		GJB 150.7A—2009	军用设备实验室环境试验方法 第7部分：太阳辐射试验
76	军用电源标准	GJB 150.8A—2009	军用设备实验室环境试验方法 第8部分：淋雨试验
77		GJB 150.9A—2009	军用设备实验室环境试验方法 第9部分：湿热试验
78		GJB 150.10A—2009	军用设备实验室环境试验方法 第10部分：霉菌试验
79		GJB 150.11A—2009	军用设备实验室环境试验方法 第11部分：盐雾试验
80		GJB 150.12A—2009	军用设备实验室环境试验方法 第12部分：砂尘试验
81		GJB 150.13A—2009	军用设备实验室环境试验方法 第13部分：爆炸性大气试验
82		GJB 150.15A—2009	军用设备实验室环境试验方法 第15部分：加速度试验
83		GJB 150.16A—2009	军用设备实验室环境试验方法 第16部分：振动试验
84		GJB 150.17A—2009	军用设备实验室环境试验方法 第17部分：噪声试验
85		GJB 150.18A—2009	军用设备实验室环境试验方法 第18部分：冲击试验
86		GJB 150.19A—2009	军用设备实验室环境试验方法 第19部分：温度—湿度—高度试验
87		GJB 150.22A—2009	军用设备实验室环境试验方法 第22部分：积水/冻雨试验
88		GJB 150.24A—2009	军用设备实验室环境试验方法 第24部分：温度—湿度—振动—高度试验
89		GJB 150.25A—2009	军用设备实验室环境试验方法 第25部分：振动—噪声—温度试验
90		GJB 150.28—2009	军用设备实验室环境试验方法 第28部分：酸性大气试验
91		SJ 20373—1993	军用电子测试设备通用规范 安全要求
92		SJ 20375—1993	军用电子测试设备通用规范 可靠性试验要求和方法
93		SJ 20825—2002	军用装备直流供电电源总规范
94	国家通用标准	GB/T 2423.1—2008	电工电子产品环境试验 第2部分：试验方法 试验A：低温
95		GB/T 2423.2—2008	电工电子产品环境试验 第2部分：试验方法 试验B：高温
96		GB/T 2423.3—2016	环境试验 第2部分：试验方法 试验Cab：恒定湿热试验
97		GB/T 2423.4—2008	电工电子产品环境试验 第2部分：试验方法 试验Db：交变湿热（12h＋12h循环）

（续）

序号	类别	标准号	标准名称
98		GB/T 2423.5—2019	环境试验 第2部分：试验方法 试验 Ea 和导则：冲击
99		GB/T 2423.6—1995	电工电子产品环境试验 第2部分：试验方法 试验 Eb 和导则：碰撞
100		GB/T 2423.8—1995	电工电子产品环境试验 第2部分：试验方法 试验 Ed：自由跌落
101		GB/T 2423.9—2001	电工电子产品环境试验 第2部分：试验方法 试验 Cb：设备用恒定湿热
102		GB/T 2423.10—2019	环境试验 第2部分：试验方法 试验 Fc：振动（正弦）
103		GB/T 2423.11—1997	电工电子产品环境试验 第2部分：试验方法 试验 Fd：宽频带随机振一般要求
104		GB/T 2423.15—2008	电工电子产品环境试验 第2部分：试验方法 试验 Ga 和导则：稳态加速度
105		GB/T 2423.16—2008	电工电子产品环境试验 第2部分：试验方法 试验 J 及导则：长霉
106		GB/T 2423.17—2008	电工电子产品环境试验 第2部分：试验方法 试验 Ka：盐雾
107		GB/T 2423.18—2012	环境试验 第2部分：试验方法 试验 Kb：盐雾，交变（氯化钠溶液）
108		GB/T 2423.22—2012	电工电子产品环境试验 第2部分：试验方法 试验 N：温度变化
109		GB/T 2423.24—2013	环境试验 第2部分：试验方法 试验 Sa：模拟地面上的太阳辐射及其试验导则
110	国家通用标准	GB/T 2423.25—2008	电工电子产品环境试验 第2部分：试验方法 试验 Z/AM：低温 - 低气压综合试验
111		GB/T 2423.27—2020	环境试验 第2部分：试验方法 试验方法和导则：温度/低气压或温度/湿度/低气压综合试验
112		GB/T 2423.33—2005	电工电子产品环境试验 第2部分：试验方法 试验 Kca：高浓度二氧化硫试验
113		GB/T 2423.34—2012	环境试验 第2部分：试验方法 试验 ZAD：温度/湿度组合循环试验
114		GB/T 2423.35—2019	环境试验 第2部分：试验和导则 气候（温度、湿度）和动力学（振动、冲击）综合试验
115		GB/T 2423.36—2005	电工电子产品环境试验 第2部分：试验方法 试验 Z/Bfc：散热和非散热试验样品的高温/振动（正弦）综合试验
116		GB/T 2423.37—2006	电工电子产品环境试验 第2部分：试验方法 试验 L：沙尘试验方法
117		GB/T 2423.38—2008	电工电子产品环境试验 第2部分：试验方法 试验 R：水试验方法和导则
118		GB/T 14165 - 2008—2008	金属和合金 大气腐蚀试验 现场试验的一般要求
119		GB/T 3768 - 2017—2008	声学 声压法测定噪声源声功率级和声能量级 采用反射面上方包络测量面的简易法
120		GB/T 3222.2—2009	声学 环境噪声的描述、测量与评价 第2部分：环境噪声级测定
121		GB/T 29309—2012	电工电子产品加速应力试验规程 高加速寿命试验导则
122		GB/T 3482—2008	电子设备雷击试验方法

（续）

序号	类别	标准号	标准名称
123		IEC 60068 - 2 - 1	环境试验 第 2 - 1 部分：试验 试验 A：低温
124		IEC 60068 - 2 - 2	环境试验 第 2 - 2 部分：试验 试验 B：高温
125		IEC 60068 - 2 - 3	环境试验 第 2 - 3 部分：试验 试验 Ca：稳态湿热高温
126		IEC 60068 - 2 - 5	环境试验 第 2 - 5 部分：试验 试验 Sa：地面太阳辐射模拟
127		IEC 60068 - 2 - 6	环境试验 第 2 - 6 部分：试验 试验 Fc：正弦振动
128		IEC 60068 - 2 - 7	环境试验 第 2 - 7 部分：试验 试验 Ga：稳态加速度
129		IEC 60068 - 2 - 9	环境试验 第 2 - 9 部分：试验 太阳辐射试验指引
130		IEC 60068 - 2 - 10	环境试验 第 2 - 10 部分：试验 试验 J：霉菌
131		IEC 60068 - 2 - 11	环境试验 第 2 - 11 部分：试验 试验 Ka：盐雾
132		IEC 60068 - 2 - 13	环境试验 第 2 - 13 部分：试验 试验 M：低压
133		IEC 60068 - 2 - 14	环境试验 第 2 - 14 部分：试验 试验 N：温度变化
134		IEC 60068 - 2 - 17	环境试验 第 2 - 17 部分：试验 试验 Q：密封性
135		IEC 60068 - 2 - 18	环境试验 第 2 - 18 部分：试验 试验 R：水
136		IEC 60068 - 2 - 27	环境试验 第 2 - 27 部分：试验 试验 Ea：冲击
137		IEC 60068 - 2 - 28	环境试验 第 2 - 28 部分：试验 湿热试验指引
138	IEC 环境标准	IEC 60068 - 2 - 30	环境试验 第 2 - 30 部分：试验 试验 Db：湿热温度循环
139		IEC 60068 - 2 - 32	环境试验 第 2 - 32 部分：试验 试验 Ed：自由跌落
140		IEC 60068 - 2 - 33	环境试验 第 2 - 33 部分：试验 温度变化试验指引
141		IEC 60068 - 2 - 34	环境试验 第 2 - 34 部分：试验 试验 Fd：宽带随机振动 - 通则
142		IEC 60068 - 2 - 38	环境试验 第 2 - 38 部分：试验 试验 Z/AD：组合温度 - 湿度循环试验
143		IEC 60068 - 2 - 39	环境试验 第 2 - 39 部分：试验 试验 Z/AMD：低温 - 低压与湿热 - 低压序列复合试验
144		IEC 60068 - 2 - 40	环境试验 第 2 - 40 部分：试验 试验 Z/AM：低温/低压复合试验
145		IEC 60068 - 2 - 41	环境试验 第 2 - 41 部分：试验 试验 Z/BM：干热/低压复合试验
146		IEC 60068 - 2 - 42	环境试验 第 2 - 42 部分：试验 试验 Kc：触点及连接物的二氧化硫试验
147		IEC 60068 - 2 - 52	环境试验 第 2 - 52 部分：试验 试验 Kb：循环式盐雾试验
148		IEC 60068 - 2 - 53	环境试验 第 2 - 53 部分：试验 温度（低温、干热）振动（正弦）复合试验指引
149		IEC 60068 - 2 - 66	环境试验 第 2 - 66 部分：试验 试验 Cx：稳态湿热
150		IEC 60068 - 2 - 68	环境试验 第 2 - 68 部分：试验 试验 L：沙尘
151		IEC 60068 - 2 - 78	环境试验 第 2 - 78 部分：试验 试验 Cab：恒定湿热试验
152	光伏电源标准	GB/T 19939—2005	光伏系统并网技术要求
153		GB/T 37408—2019	光伏发电并网逆变器技术要求
154		GB/T 37409—2019	光伏发电并网逆变器检测技术规范

（续）

序号	类别	标准号	标准名称
155	光伏电源标准	GB/T 30427—2013	并网光伏发电专用逆变器技术要求和试验方法
156		NB/T 32004—2013	光伏发电并网逆变器技术规范
157		NB/T 32005—2013	光伏发电站低电压穿越检测技术规程
158		NB/T 32010—2013	光伏发电站逆变器防孤岛效应检测技术规程
159		NB/T 32020—2014	便携式太阳能光伏电源
160	铁路电源标准	TB/T 2993.1—2016	铁路通信电源 第1部分：通信电源系统总技术要求
161		TB/T 2993.2—2016	铁路通信电源 第2部分：通信用高频开关电源系统
162		TB/T 2993.3—2016	铁路通信电源 第3部分：通信用不间断电源设备
163		TB/T 2993.4—2016	铁路通信电源 第4部分：通信用高频开关整流设备
164		TB/T 2993.5—2016	铁路通信电源 第5部分：交流配电设备
165		TB/T 2993.6—2016	铁路通信电源 第6部分：直流配电设备
166	充电电源标准	GB/T 18487.1—2015	电动汽车传导充电系统 第1部分：通用要求
167		GB/T 18487.2—2017	电动汽车传导充电系统 第2部分：非车载传导供电设备电磁兼容要求
168		GB/T 20234.1—2015	电动汽车传导充电用连接装置 第1部分：通用要求
169		GB/T 20234.2—2015	电动汽车传导充电用连接装置 第2部分：交流充电接口
170		GB/T 20234.3—2015	电动汽车传导充电用连接装置 第3部分：直流充电接口
171		NB/T 33001—2018	电动汽车非车载传导式充电机技术条件
172		NB/T 33002—2018	电动汽车交流充电桩技术条件
173		NB/T 33008.1—2013	电动汽车充电设备检验试验规范 第1部分：非车载充电机
174		NB/T 33008.2—2013	电动汽车充电设备检验试验规范 第2部分：交流充电桩
175		Q/GDW 1233—2014	电动汽车非车载充电机通用要求
176		Q/GDW 1591—2014	电动汽车非车载充电机检验技术规范
177	民航电源标准	AC-137-CA-2018-01	飞机地面电源机组检测规范
178		AC-137-CA-2018-02	飞机地面静变电源检测规范
179		ISO 1540：2006	航空航天 飞行器电气系统的特性
180	EMC标准	EN/IEC 61000-3-2 /GB 17625.1	电磁兼容 限值 谐波电流发射限值（设备每相输入电流≤16A）
181		EN/IEC 61000-3-3 /GB 17625.2	电磁兼容 限值 对每相输入电流≤16A且无条件接入的设备在公用低压供电系统中产生的电压变化、电压波动和闪烁的限值
182		EN/IEC 61000-4-2 /GB/T 17626.2	电磁兼容 试验与测量技术 静电放电抗扰度试验
183		EN/IEC 61000-4-4 /GB/T 17626.4	电磁兼容 试验与测量技术 电性快速瞬变脉冲群抗扰度试验
184		EN/IEC61000-4-5 /GB/T 17626.5	电磁兼容 试验与测量技术 浪涌（冲击）抗扰度试验

（续）

序号	类别	标准号	标准名称
185	EMC标准	EN/IEC 61000－4－6/GB/T 17626.6	电磁兼容 试验与测量技术 射频场感应的传导骚扰抗扰度
186		EN/IEC 61000－4－8/GB/T 17626.8	电磁兼容 试验与测量技术 工频磁场抗扰度试验
187		EN/IEC 61000－4－11/GB/T 17626.11	电磁兼容 试验与测量技术 电压瞬降、短时中断和电压变化的抗扰度试验
188		CISPR 24/GB/T 17618	信息技术设备 抗扰度 限值和测量方法
189		YD/T 983—2018	通信电源设备电磁兼容性要求及测量方法
190		YD/T 3265—2017	电信和数据设备直流端口电磁兼容要求及测量方法
191		GJB 1389A—2005	系统电磁兼容性要求
192		SJ 20374—1993	军用电子测试设备通用规范 电磁兼容性要求和试验方法
193	安全标准	IEC/EN 61558	电力变压器、电源、电抗器和类似产品的安全 第1部分：通用要求和试验
194		IEC/EN 60950－1	信息技术设备的安全 第1部分：一般要求
195		IEC/EN 60065	音频、视频及类似电子设备 安全要求
196		IEC/EN 6035－2－29	家用和类似用途电器的安全要求
197		IEC/EN 60601－1	医用电气设备 第1部分：安全通用要求和基本准则
198		IEC/EN 61010	测量控制和实验室用电气设备的安全要求 第1部分：通用要求
199		GB 4943.1—2011	信息技术设备 安全 第1部分：通用要求
200		GB 8898—2011	音频、视频及类似电子设备 安全要求
201		IEC/EN 62368－1	音频/视频、信息和通信技术设备 安全要求 注：取代音视频安全标准 IEC 60065 及信息技术设备安全标准 IEC 60950－1
202	日本电源标准	RC－9131D	Test methods of switching power supplies（AC－DC） 开关电源试验方法（AC－DC）
203		RC－9141B	Test methods of switching power supplies（DC－DC） 开关电源试验方法（DC－DC）
204		RCR－9101C	Terms and definitions for switching power supply 开关电源术语和定义
205		RCR－9102B	Part count reliability prediction on the switching power supplies（JEITA recommendation） 开关电源元器件可靠性预测（JEITA 推荐）
206		RCR－9105A	Safety Application Guide for Switching Power Supplies 开关电源安全应用指南
207	国际电联标准	ITU－T L.1210－2019	Sustainable power－feeding solutions for 5G network 5G 网络可持续供电方案
208		ITU－T L.1200－2012	Direct Current Power Feeding Interface Up To 400 V At The Input To Telecommunication And ICT Equipment 在通信和ICT设备输入处的高达400V直流供电系统接口

（续）

序号	类别	标准号	标准名称
209	国际电联标准	ITU – T L. 1350 – 2016	Energy Efficiency Metrics Of A Base Station Site 通信基站能效测量指标
210	团体标准	T/CPSS 1007—2018	大功率聚变变流器短路试验方法
211		T/CPSS 1004—2018	光储一体化变流器性能检测技术规范
212		T/CPSS 1003—2018	低压静止无功发生器
213		T/CPSS 1001—2018	压配电网有源不平衡补偿装置
214		T/CPSS 1008—2019	基于晶闸管的聚变电源用四象限整流系统技术规范
215		T/CPSS 1007—2019	超级不间断电源
216		T/CPSS 1006—2019	锂离子电池模组测试系统技术规范
217		T/CPSS 1005—2019	中压链式静止无功发生器
218		T/CPSS 1004—2019	智能变电站电能质量测量方法
219		T/CPSS 1003—2019	交流输入电压暂降与短时中断的低压直流型补偿装置技术规范
220		T/CPSS 1002—2019	低压有源电压偏差补偿装置
221		T/CPSS 1001—2019	低压混合式动态无功补偿装置
222		T/CPSS 1011—2020	锂离子电池模块信息接口技术规范
223		T/CPSS 1010—2020	电动汽车运动过程无线充电方法
224		T/CPSS 1008—2020	低压电气设备电压暂降及短时中断耐受能力测试方法
225		T/CPSS 1007—2020	开关电源交流电压畸变抗扰度技术规范
226		T/CPSS 1006—2020	开关电源加速老化试验方法
227		T/CPSS 1005—2020	储能电站储能电池管理系统与储能变流器通信技术规范
228		T/CPSS 1002—2020	飞轮储能不间断供电电源验收试验技术规范
229	其他电源标准	IPC 9592B – 2012	Requirements For Power Conversion Devices For The Computer And Tele-communications Industries 计算机和电信行业电源转度换装置的要求 注：国际电子工业联接协会（Institute of Printed Circuits, IPC）
230		ANSI/GEIA STD – 0008 – 2012	Derating of Electronic Components 电子元件降额 注1：美国国家标准学会（American National Standard Institute, ANSI）。 注2：美国政府电子与信息技术协会（Government Electronic & Information Technology Association, GEIA）
231			RADC 元器件可靠性降额准则 注：美国空军罗姆航空发展中心（U. S. Air Force Roma Aviation Development Center, RADC）
232		ECSS – Q – 30 – 11C	Space Product Assurance Derating EEE Components ESA 电气、电子和机电元器件降额 注：欧洲空间局（European Space Agency, ESA）

（续）

序号	类别	标准号	标准名称
233		MIL－STD－810F	ENVIRONMENTAL ENGINEERING CONSIDERATIONS AND LABO-RATORY TESTS 环境工程考虑与实验室环境试验
234		MIL－STD－2068	Reliability Development Testing 可靠性研制试验
235		MIL－STD－1635	Reliability Growth Testing 可靠性增长试验
236		MIL－HDBK－217F	Reliability Prediction of Electronic Equipment－Notice F 电子设备可靠性预计手册
237		MIL－HDBK－251	Reliability/Design Thermal Applications 热效应的可靠性设计手册
238	其他电源标准	MIL－STD－781	RELIABILITY TEST METHODS, PLANS AND ENVIRONMENTS FOR ENGINEERING DEVELOPMENT, QUALIFICATION AND PRODUCTION 工程研制、鉴定和生产可靠性试验方法、方案和环境
239		GR－63－CORE	NEBS™ Requirements：Physical Protection 网络设备构建系统需求：物理保护
240		GR－1089－CORE	Electromagnetic Compatibility（EMC）and Electrical Safety－Generic Criteria for Network Telecommunications Equipment 网络通信设备电磁兼容和电气安全通用标准
241		NB/T 10285—2019	定压输入非稳压输出隔离型直流－直流模块电源
242		CCSA 5G 供电标准	5G 供电与环境的基础设施　第 1 部分：总则
243			5G 供电与环境的基础设施　第 2 部分：室外自冷型刀片电源系统
244			5G 供电与环境的基础设施　第 3 部分：多输入多输出一体化能源柜
245		GB/T 38833—2020	信息通信用 240V/336V 直流供电系统技术要求和试验方法
246		GB/T 36944—2018	电动自行车用充电器技术要求
247		CQC 1626—2020	开关电源　性能　第 1 部分：通用要求及试验方法
248		CQC 1627—2020	开关电源　性能　第 2 部分：电子组件降额要求及试验方法

致　　谢

繁忙工作之余，伴随着附近建筑工地叮叮当当的敲击声，伴随着深夜小儿熟睡时轻微的呼吸声，一台电脑，一摞书籍，一杯清茶，挑灯伏案，星辰作伴，查阅文献、整理资料、编辑、绘图、反复修订，历时一年多，方成此书，不可谓不呕心沥血，感谢自己的坚持。

感谢在开关电源测试成长路上的前测试部长张前和韩小宾，一位是技术与管理兼备的清华高才生，一位是理论和实践兼顾的实力理工男，他们是我在开关电源测试道路上的领路人，给予我很多测试探索和试错的机会。

感谢前测试科长郭宇和刘灵高工，他们在测试实践中的言传身教，"望闻问切"的测试技能，各种复杂工程故障复现测试场景，至今仍历历在目。

感谢一起工作过的开关电源测试工匠们，他们分别是池林、黄飞、孙火华、陈海燕、吴军、吴亮、李朝阳、史汝新和莫志斌等，我们一起学习探讨，共同进步。

感谢中国信息通信研究院中国泰尔实验室的李崇建高工、赵宁和于海滨工程师，感谢中国铁路通信信号集团公司研究设计院的李小帅工程师，感谢中讯邮电咨询设计院有限公司电源与节能研究中心的刘艳工程师，感谢电源标准起草者叶子红、谢凤华、齐曙光等行业专家，在与你们的沟通交流中，我对开关电源行业标准和应用场景的理解更加深入。

感谢父母给予的默默支持，感谢妻子扮演的坚强后盾，为我创造了不受扰的独处编写环境，女儿以我为傲是我编写的精神动力，感谢因编写而不能陪伴你们的理解！

在书稿编写初期，满美希提出了很多中肯的修改意见，感谢你为此付出的努力。感谢机械工业出版社电工电子分社的吕潇编辑，对出版流程进行了详细的讲解，对本书稿选题、策划、内容、排版和规范化等方面提供了非常专业的意见和建议。

最后非常感谢读者选择此书，你们若能从本书中得到收获并应用于工作中，将是对编者付出的最好回报！祝愿我国的开关电源行业越来越好，开关电源产品的质量越来越高，为强国建设可靠供电，使能千行百业！

阮景义
2021 年 1 月于深圳

参 考 文 献

［1］庄奕琪. 电子设计可靠性工程［M］. 西安：西安电子科技大学出版社，2014.

［2］葛瑞格·K. 霍布斯. 高加速寿命试验与高加速应力筛选［M］. 丁其伯，译. 北京：航空工业出版社，2012.

［3］哈利·W. 迈克莱恩. 高加速寿命试验、高加速应力筛选和高加速应力审核诠释［M］. 光电控制技术重点实验室，译. 2 版. 北京：航空工业出版社，2014.

［4］王忠，陈晖，张铮. 环境试验［M］. 北京：电子工业出版社，2015.

［5］胡湘洪，高军，李劲. 可靠性试验［M］. 北京：电子工业出版社，2015.

［6］姜同敏，王晓红，袁宏杰，等. 可靠性试验技术［M］. 北京：北京航空航天大学出版社，2012.

［7］工业和信息化部电子产品安全标准工作组，中国电子技术标准化研究院. GB 4943. 1—2011《信息技术设备 安全 第 1 部分：通用要求》应用指南［M］. 北京：中国质检出版社/中国标准出版社，2012.

［8］DONAID W BENBOW, HUGH W BROOME. 注册可靠性工程师手册［M］. 上海市质量协会，上海质量管理科学研究院，译. 2 版. 北京：中国质检出版社/中国标准出版社，2015.

［9］任立明. 可靠性工程师必备知识手册［M］. 北京：中国标准出版社，2010.